崩壊の危機に瀕する
パスワード問題

鵜野幸一郎 著

インプレス

目次

第１部
はじめに

第1章
Heartbleedが求める緊急対応、文字パスワードを賢く使うために

パスワードを流出させる大型サイバー犯罪が続発し、社会を揺るがせています。特に、オープンソースの暗号通信ライブラリ「OpenSSL」の脆弱性を突いた「Heartbleed（心臓出血）」と呼ばれるサイバー攻撃は極めて深刻なものでした。こうした事件が起こると、ネットの利用者はパスワード変更を要求されます。しかし、多くのID／パスワードを所有・運用しなければならない利用者にすれば、パスワード変更は決して容易なことではありません。パスワードの脆弱性と、その対策について論究してきた筆者が、利用者視点から早急に打つべき対策を提言します。

オープンソースの暗号通信ライブラリ「OpenSSL」は、世界のSSL利用サイトの6割以上で使用されているといわれています。Heartbleedについては、50万サイトが影響を受けたという情報もあります（図1.1）。米国ではホワイトハウスが甚大な被害を被ったことも判ってきたようです。

図1.1　OpenSSLの脆弱性への警鐘を鳴らすためのHeartbleedのロゴ

Heartbleed で、ID ／パスワードが流出したのは、サイトからだけではなく、クライアントや IoT（Internet of Things：モノのインターネット）までが含まれている可能性が指摘されています。流出の可能性があるパスワードやユーザーの総数は、一体どの程度になるのか想像もつきません（図 1.2）。

図 1.2　本人認証を破られると、種々の分厚い防御のいずれも意味がない

例えば、三菱 UFJ ニコスは 2014 年 4 月 18 日、OpenSSL の脆弱性を突いた攻撃による不正アクセスで、延べ 894 人の個人情報が不正に閲覧されたと発表しました。具体的には、カード番号や、氏名、住所、生年月日、電話番号、メールアドレス、有効期限、Web サービスの ID、カード名称、加入年月、支払口座（金融機関名及び支店名を含む）、勤務先名称とその電話番号です。

この脆弱性は、2 年前から存在していたことが確認されていました。このような大きな欠陥がなぜ長期間放置されていたのか、根本的な解決策は何かといった分析はさておき、脆弱性を突いた攻撃は痕跡が残りません。サイトの運営者は、もし脆弱なバージョンの OpenSSL を運用していたのなら、アップグレードや証明書の再発行といった対策を講じた後、利用者にパスワードの変更を依頼しなければなりません。

利用者側にすれば、サイトからの告知情報を確認し、Open SSL サイト（「https://」で始まるサイト）でパスワードの変更を求められます。その際の注意点はIPA（情報処理推進機構）が公開（http://www.ipa.go.jp/security/ciadr/vul/20140416-openssl_webuser.html）しています。

IPAの文書では、「ウェブサイト側の脆弱性対応が完了したことを確認してから」パスワードを変更しなさいとあります。この確認と変更作業は面倒なことですが、ここでしっかりしたパスワードに変更しておくこと自体は、意義があると言えます。しかし、ここで問題になるのは、「パスワードは（1）他のアカウントに使い回さないこと（2）メモに頼る場合には安全な場所にしっかりと保管すること」というパスワード運用の注意事項です。

筆者はかねてより文字パスワードの脆弱性と、その対策について論究を重ねてきました。『第2部　日本企業がとるべき傾向と対策』『第3部　社会生活における本人認証の役割と意義』、『第4部　パスワード問題を解決するには』で詳細に論じますが、一般にしっかりと覚えていられる文字パスワードは“平均3個”という逃れようのない現実があります。

そうである以上、（1）については、特異な記憶力を持つ人でなければ実行不可能です。（2）についても、屋内では何とか実行できるかも知れませんが、屋外では実行不可能でしょう。

1.1 「パスワード問題」を解決する「拡張型パスワード」

こうした現実に対し筆者は、崩壊の危機に瀕する「パスワード問題」と、その解決の方向性を提示し、既知画像も使える「拡張型パスワード」を使うことの有効性を訴えてきました。

既知画像を扱える拡張型パスワードは記憶の干渉を受けにくく、これを使えれば、問題を簡単にクリアできるのです。しかし現状では、文字パスワードしか使えないサイトがほとんどです。今回のような緊急かつ重要なパスワード変更を迫られたときに、何とか対処する方法は、ないものでしょうか。

文字パスワードの使用を前提にしたとき、実行可能で非常に有効と思われる方法を1つ見つけました。日本から提案され、海外でも注目されつつある「暗証画像カード」という対処法です。カード上の既知画像から抽出したランダムなパスワード／暗証番号を既存の文字パスワード認証システムに利用する方法で、文字パスワードから拡張型パスワードへの移行の橋渡しになるはずです。

暗証画像カードにおける画像の登録や、カード作成の手順は、YouTube にアップされているビデオ「暗証番号の賢い使い方：暗証画像カード (https://www.youtube.com/watch?v=gsfOZsV0XB8)」で分かるように、驚くほど簡単です。

このビデオの例では、スマートフォンのカメラで撮影した小物類の中から、自分の懐かしい思い出が詰まった画像 4 点を、古いものから新しいものに向かって順番に見つけていくと、複数のそれぞれに異なるランダムで無意味な 4 桁の数字列が抽出されるようになっています（図 1.3）。赤色だけを追うと A 銀行、緑色を追うと B カードといった具合です。

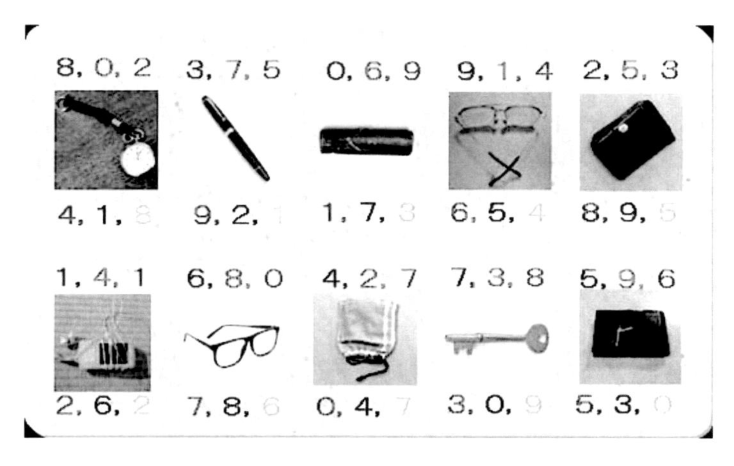

図 1.3　暗証画像カードの例

暗証画像カードは、紙カード上にユーザーが選んだ既知画像と囮の画像を印刷し、画像のすべてに文字や数字を付与すれば作成できます。このカード上の既知画像の視認からランダムで強固なパスワード／暗証番号を抽出できるので、既存の文字パスワード認証システムを安全に利用できるようになります。

1.2 分割記載メモ方式との併用も可能

ところで、「メモにIDとパスワードを記載して屋外を持ち歩くのは無謀だが、IDとパスワードを分割して記載した複数のメモを作成することは有効だ」との見解があります。分割記載メモ方式です。例えば、次のような使い方です。

1. サービス名やユーザーID、パスワードを分けて管理する場合、番号とサービス名、ユーザーIDだけを書いた紙と、番号とパスワードだけを書いた紙を用意する
2. パスワードを書いた紙だけを携帯する。サービス名を書いた紙は自宅などに保管する。そして、どの番号がどのサービスかだけを記憶する
3. 普段は、利用したいサービスの番号から、紙に書かれたパスワードを利用する
4. パスワードを書いた紙を落としたり盗まれたりしても、どのサービスのパスワードかは分からない。紛失に備えて、パスワードを書いた紙はコピーして、ユーザーIDの紙とは別の場所にも保管しておく

暗証画像カード方式は、分割記載メモ方式との二者択一を迫るものではありません。ですから、次のような形で利用することもできます。

- パスワードを記載したメモが、誰のメモかを知っている第三者に入手されても安全性が損なわれず機密性に不安がなく、かつ「どの番号がどのサービスかだけを記憶する」ことが難なく実行できるので可用性にも不安はないという場合は、分割記載メモ方式で対応する

- パスワードを記載したメモが、誰のメモであるかを知られてしまう不安がある、あるいは「どの番号がどのサービスかだけは記憶する」ことに自信がないという場合は、暗証画像カードを検討する

- 「どの番号がどのサービスかだけは記憶する」ことを、対応できる限りは分割記載メモ方式を採用し、これ以上の対応できなくなったら暗証画

像カードで対応する

脆弱な本人認証基盤は、社会生活の根幹を揺るがせるもので手をこまねいて長く放置しておくことは許されません。画像暗証カード方式や分割記載メモ方式、あるいはその他の直ちに運用可能なあらゆる方策を総動員して迅速な対応を図ることが望ましいと考えられます。

パスワードの大量流出と変更要求は今後も続発するでしょう。パスワードの使い回し対策の切札として喧伝されていたID連携サービスの中にも、Heartbleedの影響を受けたサービスがでたことから、以前から過信を戒められていた脆弱性一極集中のリスクも顕在化してしまいました。

脆弱性がどれだけ問題になっても、現行システムのほとんどで当面は文字パスワードを使い続けるしかないのが現実です。パスワードの変更と運用にあたって、暗証画像カードは大きな助けになるものと考えられます。筆者は、できるだけ多くの方々に利用をお勧めします。

第２部

日本企業がとるべき傾向と対策

第2章
パスワード運用の問題点

サイバーの世界で本人認証の確実性が揺らいでいます。とりわけ、本人認証が必要な場面のほとんどすべて使われているパスワードが危機に瀕しています。第2章では、パスワードが盗用されている実態を示すことで、パスワードがどのような危機に瀕しているかを明らかにします。

2.1 頻発するパスワードの流出、不正アクセス事件

最近パスワードの流出や不正アクセスに関する大きな事件が続発し、マスコミも警鐘を鳴らすようになってきました。パスワードの流出に関しては、例えば、以下のような事件・事故が起きています。

- 日本年金機構で職員の端末に対する外部からのウイルスメールによる不正アクセスにより、約125万件の個人情報が外部に流出した［2015年6月］http://www.nenkin.go.jp/files/0000150602dkeowvbsqq.pdf
- 宿泊予約サイト「J-YADOサイト」において不正アクセスがあり、1万8592件の会員情報(メールアドレスとパスワード)が流出した［2015年8月］http://www.j-yado.com/20150804jy.html
- 洋菓子を製造・販売する「シャトレーゼ」のWebサーバーに不正アクセスがあり20万9999件の会員情報（パスワードのほか、

IDやメールアドレス、電話番号など）が流出した［2015年7月］
https://www.chateraise.co.jp/20150730.pdf

- 模型メーカー、タミヤのWebサーバーに不正アクセスがあり、ECサイトの「タミヤショップオンライン」からは最大10万2891件の個人情報（氏名、住所などや、メールアドレスとパスワード）が流出した［2015年7月］http://www.tamiya.com/japan/cms/customerservice/3804-20150721.html

- 東京大学が管理する業務用PCがマルウェアに感染し業務用アカウントが流出、PCやサーバーなどに保存されていた学部生や教職員などの個人情報（氏名、学生証番号、ID、初期パスワードなど）が3万5000件以上流出した［2015年7月］http://www.u-tokyo.ac.jp/ja/news/notices/notices_z1201_00001.html

一旦、どこかのシステムでパスワードが流出すると、攻撃者は流出したパスワードを使って別のシステムへの不正ログインを図ろうとします（図2.1）。

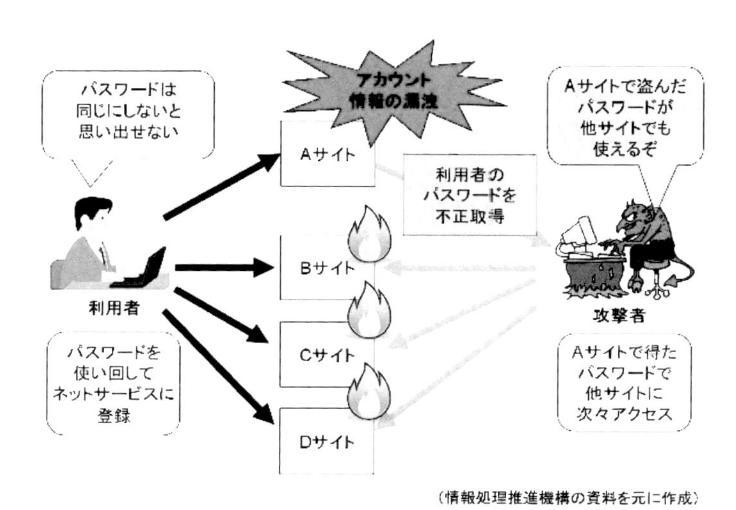

図2.1　パスワードが1つ流出すると、攻撃者はそのパスワードを使って複数のシステムに不正ログインを図る

こうした不正ログインが試みられたのではないかと疑われる事例も次々に発生しています。

- ニフティの子会社ライフメディアが運営するポイント交換サイト「ライフメディア」において、パスワードリスト攻撃により3万1件のアカウントに不正ログインされ、不正なポイント交換の申し込みが25件あった［2015年7月］http://lifemedia.jp/utilization/info_d20150713.html
- ソネットの「So-net メールサービス」に対する不正アクセスが発生し、3万1529アカウントでメールの不正受信が認証され、1014アカウントではメールが不正に送信され、4アカウントではメールが不正削除された［2015年1月］http://www.so-net.ne.jp/info/2015/op20150212_0007.html
- リクルートホールディングスが提供する会員向けIDサービス「リクルートID」において、不正ログイン被害が発生した。ECサイトの「ポンパレモール」では、3万1660件のアカウントに対し不正アクセスがあり、9749件が不正ログインされた［2014年9月］http://www.recruit.jp/news_data/notification/20140908_7754.html
- SNS（Social Networking Service）の「mixi」が不正アクセスを受け、26万3596アカウントに不正ログインされた。不正なログイン試行は約430万回に及んだ［2014年6月］http://mixi.co.jp/press/2014/0617/15357/

さらに、なりすましによるポイントの不正使用など、直接的な金銭的被害も出てきました。

- ワシントンホテルの予約サイトに不正アクセスがあり、123件の会員保有ポイント（29万5000円相当額）がAmazonギフト券に交換された［2015年7月］http://www.washingtonhotel.co.jp/pdf/info20150805.pdf
- オリエントコーポレーションが発行する「オリコカード」の会員

向け Web サイトにおいて、156 人の会員パスワードが悪用され、「オリコポイント」から「T ポイント」に交換された［2015 年 7 月］
http://www.orico.co.jp/information/20150727.html

- インターネット接続サービス「OCN」の会員サービスにおいて、1265 アカウントが不正にログインされ、うち 568 アカウントにおいて、同サービスのポイントが景品や他ポイントに交換された［2014 年 7 月］
http://www.ntt.com/release/monthNEWS/detail/20140730.html

- 九州電力子会社キューデンインフォコムが運営するインターネット調査サービス「ヒアコン」において、1320 件のアカウントが不正にログインされ、そのうち 291 件でポイントが不正に交換された。同サービスは 2015 年 6 月に終了した［2014 年 12 月］

こうした中で政府は、社会保障・税番号制度、通称「マイナンバー」の制度化を決定しました。IC カードを併用するにせよ、パスワード流出・盗用事件が続発している状況で、国民全員を対象にしたマイナンバーとマイポータルがパスワードを前提に登場することに、筆者は大きな不安を覚えてしまいます。

2.2　利用者にパスワード運用の負担を押しつけている現状

本書を読んでいる読者の多くは 10 組以上のパスワードを使っていることでしょう。野村総合研究所（NRI）によるインターネットユーザーのパスワードに関する実態調査によると、パスワードを使ってログインするサイト数は平均約 19 個にもなります。

これに対して記憶可能なパスワード数は平均 3.1 組。となれば、ほとんどの人は、メモに頼っているのでなければ「パスワードを使い回ししている」と考えるのが現実的です。

かくいう筆者も、大半のアカウントで、ID は特定のメールアドレスを、パスワードは何とか覚えている虎の子の英数文字列を使い回すという、憂うべき状態を続けざるを得ないのが現状です。もし登録サイトのどこかでこれらが流出すれば大変困ったことになります。

攻撃を受けてパスワードを流出させた事業者あるいはその疑いのある事業者は、すべての顧客にパスワード変更を呼びかけています。その際、「他のアカウントで使用しているパスワードを使用しないよう」と要求するのが常です。

事業者はパスワードをリセットし、利用者にパスワードの再登録を求めれば一応の責任を果たしたことになるのかもしれません。ですが、パスワード再登録を要求ないし強制された利用者は新たな負担を背負わされることになります(図 2.2)。

サイト運営者からのパスワードに対する要求

■パスワードを変更してください
■8桁以上の無意味な英数特殊文字を使用のこと
■メモの持ち歩きは厳禁

出所：日本セキュアテック研究所

図 2.2　事業者によるパスワード運用への要求は、利用者は新たな負担を背負わさているだけ

身も蓋もない言い方をすれば、事業者からみれば「災厄の利用者への押し付け」で事態を収拾するのが常道となっているわけです。しかし、覚えられないと判っていることを「覚えろ。覚えろ」としつこく言われ続ける利用者は、たまったものではありません。

覚えられないのに覚えさせられるパスワードの再登録を押し付けられた利用者は、メモや使い回しでしか対処できません。その結果、メモの遺失・窃取やパスワードの使い回し等により、不正アクセス事件を頻発させることになります。ますます脆弱化の進むパスワードをどうするかに対する提案を伴わないパスワードリセットと再登録要求は、問題を拡大再生産するだけです。

結局、安全・安心は遠のき、不正アクセス事件は増えつづけ、サイバー社会は不確実で不安定になる一方です。

2.3　パスワード問題は世界共通の悩み

ネットや業務システムでの本人認証は、文字パスワードを要求するものがほとんどです。この結果生じる文字パスワードの脆弱化については、日本に限らず世界中が悩んでいると言ってもよいでしょう（図 2.3）。

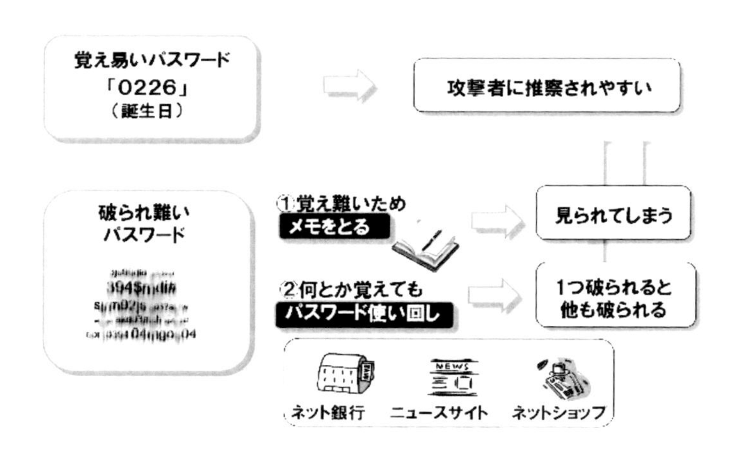

図 2.3　覚えやすいパスワードは推測されやすく、覚えにくいパスワードはメモ書きや使い回しにより結局、攻撃者に悪用されやすい

パスワード運用の実態については様々な調査が行われています。例えば、英ケンブリッジ大学の研究チームが米 Yahoo!から提供を受けた匿名の 7000 万個のパスワードの分析結果を発表しています。これを受けた英 The Economist

誌が掲載した特集記事 http://www.economist.com/node/21550763 が参考になります。

これによると一番人気のあるパスワードは「Password 1」です。文字と数字の組み合わせが望ましいとする専門家のアドバイスには沿っていますが、脆弱極まりないものであることも確かでしょう。「12345」か「123456」のどちらかを利用している人は、全体の 1.1 %もいるとのことです。

一方、米調査会社の SplashData が、米国のネットユーザーを対象に調査し、最も人気のあるパスワードランキング https://www.teamsid.com/worst-passwords-of-2014/ を発表しています。下記は 2014 年版のトップ 10 です(図 2.4)。

順位	パスワード	前年順位
1	123456	1
2	password	2
3	12345	20
4	12345678	3
5	qwerty	4
6	123456789	6
7	1234	16
8	baseball	新規
9	dragon	新規
10	football	新規

図 2.4　パスワードランキング 2014 年版のトップ 10

人がいかに脆弱なパスワードに頼っているかは上記のような調査を待つまでもなく誰もが承知していることでしょう。ですが、こうした事態に対応するためにユーザーとしてどんな方策をとればよいのでしょうか。

第 3 章では「記憶の干渉」という現象を紹介し、パスワード管理強化のための方策について考察を進めます。

第3章
パスワード管理強化の方策と限界

サイバーの世界で本人認証の確実性が揺らいでいます。とりわけ、本人認証が必要な場面のほとんどすべてで使われているパスワードが危機に瀕しています。第2章では、パスワードがどのような危機に瀕しているかを明らかにしました。第3章は、「記憶の干渉」という現象を紹介し、パスワード管理強化のための方策について考察を進めます。

3.1　人間の脳力の限界「記憶の干渉」

第2章で示したとおり、パスワードは大きな問題を抱えています。すなわち「覚えやすく思い出しやすいパスワードは破られやすく、破られにくいパスワードは覚えにくい」という人間の記憶力の特性からくる制約です。こうした制約など、まるで存在しないかのごとくに様々な対策が唱えられてきました。

「名前に関連するもの、生年月日、辞書にある単語を避け、最低8文字以上、大文字/小文字/数字/記号などを含ませ、できるだけランダムなものにすること」といったパスワード自体についての注意に加え、「定期的に変更すること、複数のアカウントに同じパスワードを使い回さないこと」などが代表的なものです。

しかしながら、最も簡単なパスワードともいえる銀行カードの暗証番号の数字4桁でさえ、確実に思い出すことが時として困難になることがあり得ます(図3.1)。筆者自身、個人用や会社用など複数の銀行カードを使い分けていますが、普段はあまり使わないカードをたまたま使おうとして、「あれ、このカードの番号はXXXXだったっけ？」とATM（現金自動預け払い機）の前で途方に暮れることがあります。

図3.1　銀行カードなどで使う4桁の数字列さえ確実には覚えきれない

わずか4桁が覚えられないのでしょうか。いえ、実際には覚えているのですが、複数の暗証番号を覚えようとすると、どれがどの番号だったかを混同してしまうのです。これは認知心理学で言う「記憶の干渉」という現象です。あながち筆者の記憶力が劣悪というわけではなく、人間の脳にとっては避けられないもののようです。

3.2　IPAが「すべて異なるパスワード」に向け苦肉の策を伝授

情報処理推進機構（IPA）は「2013年8月のよびかけ」として、パスワードの使い回しを止めて「すべてのインターネットサービスで異なるパスワードを！」との呼びかけを行いました『IPA　情報セキュリティ 2013 年 8 月のよびかけ http://www.ipa.go.jp/security/txt/2013/08outline.html』。

必要なだけのパスワードを覚えられない人には ID とパスワードのリストを Excel などの電子ファイルに保存し、その電子ファイル自体をパスワード（マスターパスワード）でロックする方法などを勧めています（図 3.2）。しっかりと覚えていられるパスワードが平均 3 個であるという現実を与件とすれば、苦肉の策として、これ以上のことは考えられないのかもしれません。

	ID	サービス名
1	aaaaa	ABC銀行
2	bbbbb	イロハ銀行
3	ccccc	○×△銀行
4	ddddd	XYZ証券
5	eeeee	LMNオンラインショップ
･･	:･･	:･･
:	:	:

	パスワード
1	4gs2FWo3qq
2	RF3jfei3ie
3	0p88jlssJF2
4	3lirf73Dxk5
5	JWw24g14mn
:･･	:･･
:	:

（情報処理推進機構の資料を元に作成）

図 3.2　IPA が進めるパスワード管理の苦肉の策。ID とパスワードのリストを電子ファイルに保存し、その電子ファイルをパスワードで守る

上記の呼びかけに対しては、ある IT 専門家の方から早速、「この内容をみて思わず噴き出してしまった。それと同時に『パスワードの仕組みが崩壊した』という感触を持った」というコメントの入った「パスワードクライシス」に関する考察が発表されています。

とはいえ今のところはパスワードを使わざるを得ないという状況があります。出来ないことをやれと無理強いするパスワード管理者側の要求を、すべての職員がメモ・手帳に頼らずに実行できているという企業には、ギネスブックへの登録に挑戦していただくにしても、現実的には手帳での管理や使い回しを認めるか、見て見ぬ振りをするところから対策を考えざるを得ません。

3.3　屋外環境でのパスワード運用は危険がいっぱい

現実的なメモ管理ポリシーとしては、「パスワード類の記載された手帳は、食事も手洗いも離席時にはいつも肌身離さずに持ち歩くこと。メモをPCの周囲に置いておくことは厳禁」という程度のことにならざるを得ないのではないでしょうか。ユーザーがPCから離れる時には、手帳もPCから離れますから、メモをPCの周囲に置き去りにしている状態よりは、相対的には安全といえるでしょう。

ところが運用場面にモバイル環境が入ってくると極めて悩ましくなります（図3.3）。端末と手帳の保管場所が同じだと端末を失う時には手帳も一緒に失うことになるからです。そのリスクを下げようと保管場所を違うところにすると端末を持って出たものの、手帳は置き去りといったことになり仕事になりません。置き忘れを一度でも経験すると、多くの場合は端末と手帳はいつも同じ保管場所に入れることに落ち着きます。

パスワードの管理要因	オフィス環境	モバイル環境
物理的警備	可	不可
同僚の環視	可	不可
管理者の支援	可	不可
端末盗難・紛失リスク 脅迫・強要リスク	小 小	大 大
光量・温度・湿度変化	小	大

「モバイル環境で使えるものは、よりリスクの低いオフィスでも使える」
とは言える。

「オフィスで使えるからと言って、よりリスクの高いモバイル環境でも使える」
とは言えない。

出所：日本セキュアテック研究所

図3.3　オフィス環境とモバイル環境では、環境やリスクが異なる

ネットへの窓口として使用する機器は事務所に置かれたPCからノートPCへ、そして、タブレットへ、スマホへと次第にモバイル環境での使用が主になりつつあります。上記のような危険性を抱えたまま、いわばサメや毒クラゲがウヨウヨしている海で無防備に泳ぐにも等しい運用になっているのです。

では「ID連携」や「パスワードマネジャー」を使うという方法はどうでしょうか。賢く運用されるID連携のメリットはユーザーにとって大きなものではあります。ですが、犯罪者側から見ると一カ所の攻撃に成功すれば多くのパスワードを一気に支配下に置けるという、極めて都合の良い仕組みでもあります。

パスワードマネジャーは屋外での利用については特に入念な注意が必要です。端末を手に入れた攻撃者はマスターパスワードを破る作業にたっぷりと時間をかけてじっくりと取り組めるのですから。

「多くの卵を一つの籠に入れておくものではない」という古来の鉄則を守りつつ、他方ではマスターパスワードには覚えられないような複雑なパスワードを覚えて使うということが不可欠となります。

3.4 既にパスワードは破綻しているという論評記事も

問題はそれにとどまりません。仮にあなたが複雑なパスワードを過不足なく暗記しているとしましょう。それでも「パスワードがどんなに複雑でも、独特でも、個人情報は守れない」といわれたら、本当にお手上げですよね。それでは『あなたのパスワード、バレてます』といった刺激的な記事をご紹介しましょう。

- 『あなたのパスワード、バレてます』
  http://wired.jp/2013/07/13/hacked-vol8/
- 『IDとパスワードに頼る認証は、もう破綻している』
  http://itpro.nikkeibp.co.jp/article/Watcher/20130530/480791/?mle

使い回しを止めることが最良の方策です。だからといってメモの持ち歩きでは解決にならないことは先に述べたとおりです。「『パスワードではだめ』というなら代替案を示してくれ」といいたくなるのも無理はありません。では、第4章ではパスワード代替候補とされている認証方法について、実際どのくらい使えるか考えてみましょう。

第4章

生体認証など非パスワードについて

サイバーの世界で本人認証の確実性が揺らいでいます。とりわけ、本人認証が必要な場面のほとんどすべてで使われているパスワードが危機に瀕しています。第2章では、パスワード管理強化のための方策について考えました。第4章では、ICカードによる認証や生体認証といった、パスワード以外の認証方法を見てみましょう。

第2章、第3章では、パスワードに頼ることの限界を人間の記憶力という観点も含めて紹介しました。パスワード方式は本質的に脆弱であり、人がどんなに努力・注意をしたところで脆弱性をなくすことは不可能に近いのです。

ですから、「パスワードを使いこなすのが難しいのならICカードによる認証や生体認証といった別の認証方法に移行したほうがいいのではないか」という考え方が出てくるのは当然です。今回は、これらの認証方法を見てみます。

4.1　個人識別と本人認証は別物

これまでは、本人認証については、以下の3つの範疇があるという認識が主流でした。

1. 記憶照合：**What we know (something the person knows)**
2. 所持物照合：**What we have (something physical the person possesses)**

3. 生体照合：What we are (something about the person' s appearance or behaviour)

しかし、この認識は、「本人確認」「個人識別」「本人認証」という3つの概念についての明確な区別・定義がなく、また当人の意思の有無確認についての認識があいまいであり、その結果として「個人識別＝本人認証」といった誤った考え方の蔓延につながってきました（図 4.1）。

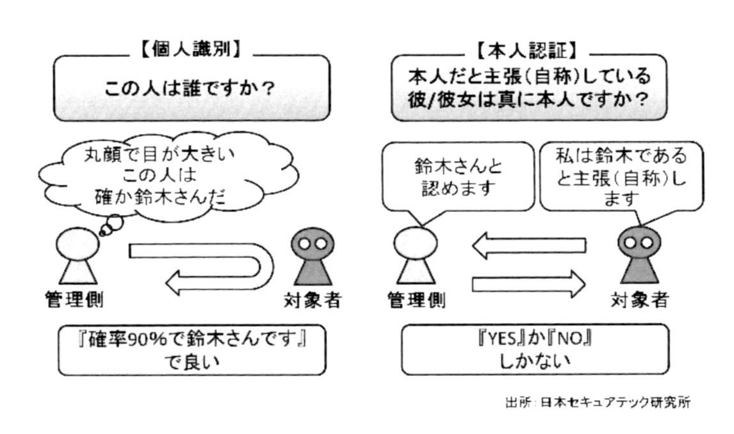

図 4.1　個人識別と本人認証は全く異っている

ただ、対面交渉が主流であった時代では、こうしたあいまいな認識でも、実践上は特に大きな不都合はなかったのでしょう。

しかし、よく考えてみると「所持物照合・生体照合」と「記憶照合」の間には、いわば非常に深くて暗い河のあることが分かります。警察が探し出した被疑者と、自ら名乗り出てきた被疑者を取り調べているところを想像してみましょう。

「やったのは俺ではない」と言い張る被疑者の主張を突き崩すのには「所持物」と「生体」が有効です。「お前はやっていないというが、現場にはお前の財布が落ちていたし、お前の指紋も残っていたぞ」。この場面では被疑者の「記憶」の出番はありません。

逆に「私がやりました。現場には私の財布も指紋も残っているはずです」との被疑者の主張を「所持物照合」と「生体照合」だけで受け入れてしまうと、身代わり自首を簡単に許してしまうことになります。ここでは、当事者である犯人しか知り得ない情報（＝照合されるべき記憶）を被疑者から聞き出さなければなりません。この場面では「所持物」や「生体」には頼れないのです。

つまり、「所持物・生体」と「記憶」の役割は見事に補完的あるいは凹と凸となっていることが分かります。この両者を等しく同一の範疇として扱うのは無茶というものです。「所持物」ないし「生体」の照合で実現するものは「個人識別」です。これに対し、「記憶」の照合で実現するのは「本人認証」です。個人識別＝本人認証という認識が成立することはあり得ません。

「本人確認」は「個人識別」と「本人認証」というレベルを異にする2つの領域から成り立っていると考えると全体がすっきりと整合します。そして、それぞれを実現するための技術要件も次のように異なります。

- 個人識別：意思確認不要。所持物の照合および身体の特徴点を照合する。
- 本人認証：意思確認必須。記憶を照合する。
- 体照合

とはいっても、現に銀行カードでは静脈照合のATMが増えてきているではないかという観点から、生体照合についてもう少し考察を続けましょう。

生体照合における照合精度は、他人受容と本人拒否の精度の相関関係が示されなければ「安全」が保証されるかどうかの判断ができません。したがって、他人受容率0.01％の時に本人拒否率は0.1％といった対（つい）の指標によって性能を表示すべきものです（図4.2）。

前提条件なしで一方の値のみを言っても全く意味はないのです。にもかかわらず、生体照合製品のパンフレットには「他人受容率は0.00001％以下（約1000万回に1回）である」などと表示するだけで、対の値である本人拒否率を同時に示していないものが散見されます。これでは利用者は何の判断もできません。

実際上の運用としては、本人拒否が起こらないような設定値（閾値）で運用すればセキュリティは確保できず、セキュリティを確保できる設定値（閾値）で運用すれば本人拒否が起こることを想定し、その際にはユーザー自身が裏口を開けられるようにしておかねばなりません。

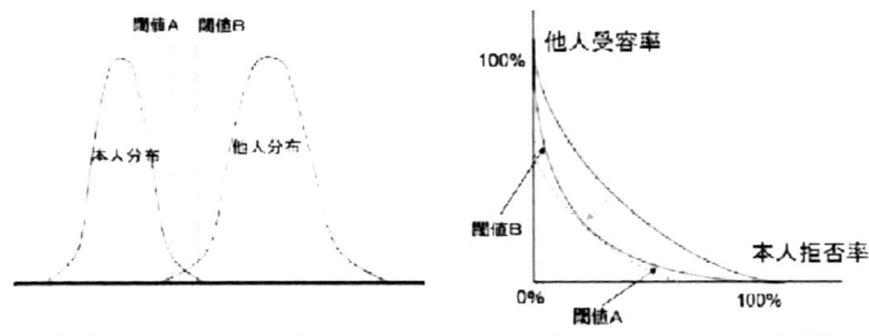

図 4.2　生体照合における照合精度は、他人受容率と本人拒否率の精度の相関関係が示されなければ「安全」かどうか判断できない

システム管理者がいるオフィス環境では本人拒否が起こってもセキュリティを下げない解決が可能ですが、モバイル環境ではそうはいきません。そこでパスワード併用という対応策を取らざるを得なくなります。そしてパスワードを裏口に使うとなると、セキュリティ強度はパスワード単独方式よりも低下してしまうのです。

4.2　指紋照合搭載の iPhone 5s はセキュリティ強度を下げ利便性を向上

2013 年 9 月 20 日に発売された新型 iPhone 5s では、ホームボタンに内蔵された指紋照合センサーが話題になりました。カタログには「あなたの指でホームボタンに触れるだけで、iPhone のロックが解除される。便利で、この上なく安全な、あなたの iPhone へのアクセス方法です」との説明があります。

大手マスコミの間でも「この新たなセキュリティシステムによって、バーチャル決済市場への扉が開かれる点だろう。生体照合機能と支払い機能を備えた携帯機器を持つことで財布を持ち歩く理由は薄れる」（ロイター）に代表されるように、おおむね好意的な評価を展開しています。

しかし、攻撃者から見ると、iPhone 5s のロック解除は指紋照合でもパスワード入力でも、どちらでも攻撃できる「救済用パスワード OR 併用指紋照合ロック解除方式」です。

よってパスワードの強度が同等であれば従来の扉が一つ、つまりパスワードだけのロック解除方式の iPhone に比べて、指紋照合とパスワード入力という扉二つの iPhone 5s のロック解除方式はむしろセキュリティ強度は低下しているのです（図 4.3)。

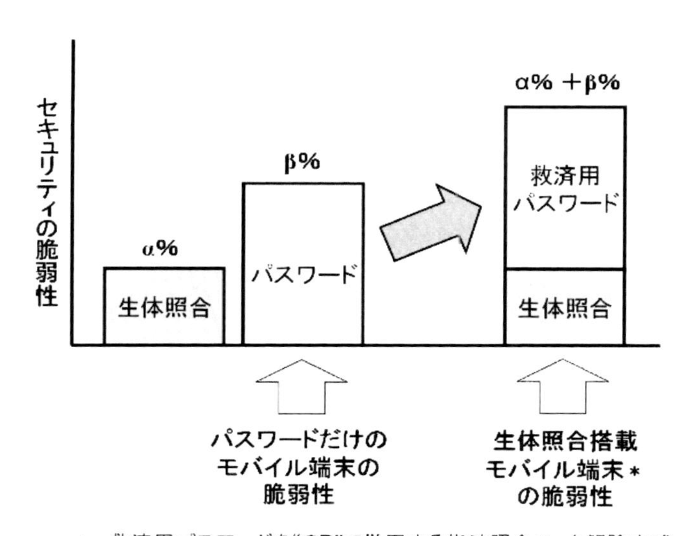

図 4.3 救済用パスワード OR 併用生体照合ロック解除方式は、生体照合とパスワード双方の脆弱性が加算される

すなわち、セキュリティ強度を下げて利便性を向上しているというのが指紋

照合搭載iPhone 5sの正しい評価です。なお、従来からある指紋照合搭載の携帯電話やノートパソコンのほとんどすべては「救済用パスワードOR併用指紋照合ロック解除方式」ですから同じことが言えます。

所持物照合

ところで、一般にはパスワードをメモに記しておくこと、特に屋外で持ち歩くことは薦められないことと考えられています。メモが攻撃者の手に渡るとセキュリティがゼロになってしまうというのが理由です。ところが、パスワード記載メモの持ち歩きの危険性に同意してしまうと、ICカードやUSBキー、トークン、携帯電話などの所持物を認証ツールとして使う手法のすべてが、同じ範疇に入ってしまいます。

偽造不可能なICカードであれ、電子証明書を搭載したUSBキーであれ、ワンタイムパスワードを生成するトークンや受信する携帯電話であれ、盗用に対する効力がゼロという意味ではパスワード記載メモと何ら変わりありません。身も蓋もない話ですが、「盗用に対する耐性ゼロ」という共通項でくくるとこうなります。

擬似ワンタイムパスワード

トークンが生成する、あるいは携帯電話が受信する、毎回異なる意味のない文字列をパスワードとする「ワンタイムパスワード」は一見、パスワードの脆弱性を一気に解決できる手段のように見えます。「パスワード」生成器（トークン）に表示される文字列をその都度打ち込めばよいのですから、覚える必要もなく、使い捨てなので盗聴や盗撮を気にする必要もありません。まさに理想的なパスワードに思えます。

しかし、よく考えてみると、機械によって生成される一時乱数が証明しているのはトークンの真正性だけです。その利用者の真正性を証明しているものではありません。すなわち、利用者が正規の本人か攻撃者かは証明することができないのです。

「ワンタイムパスワード」という名前ではあるものの、「記憶によって認証する」パスワードとは全く異なる別の認証手段です（図4.4）。筆者は、これを「擬似ワンタイムパスワード」と呼んでいます。

ワンタイムパスワード

・あくまで、ワンタイムパスワード生成器の真正性を証明する機能である。
生成器を所持するのが当人か攻撃者かは問わない

・正規のユーザーの真正性確認（本人認証）はユーザーが記憶している
固定パスワードの併用に依存している（2要素法）

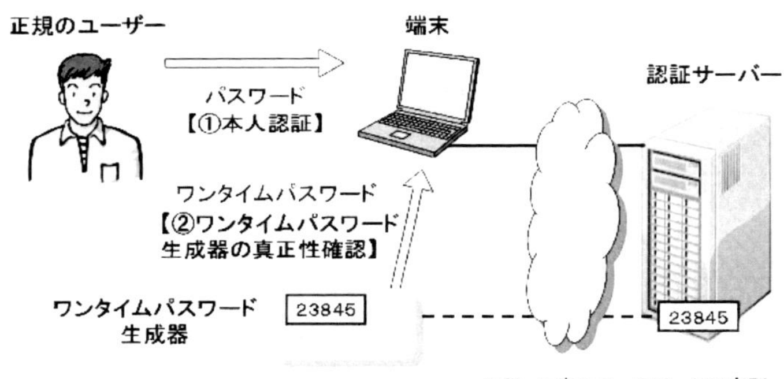

出所：日本セキュアテック研究所

図 4.4　ワンタイムパスワードは、ワンタイムパスワード生成器の所有者が本人かどうかまでは確認できない

さてパスワード以外の本人認証方法がそれだけでは機能せず、結局はパスワードに依存せざるを得ないとすると、とどのつまりは現状のパスワードをどうにかして人間の使用に耐えうるようなものに改良して行かざるを得ないということになります。

第 5 章ではパスワード改良への方向性を探るべく、文字に頼るだけではない“拡張型のパスワードシステム”について考察を進めていきます。

第5章

パスワードの限界を超えて—「拡張型パスワード」

サイバーの世界で本人認証の確実性が揺らいでいます。とりわけ、本人認証が必要な場面のほとんどすべてで使われているパスワードが危機に瀕しています。第4章では、所持物照合や生体照合といった、パスワード以外の認証方法を見てみました。第5章では、認知心理学が明らかにしてきた記憶における「画像」や「再認」の優位性を採り入れた「拡張型パスワード」に焦点を当てて解説します。

パスワードも、所持物照合や生体照合もダメ。となると、一体どうすればいいのか？。

第2章から、第3章、第4章と、ここまでお読みいただいた方は、こんな感想をお持ちになったのではないでしょうか？ しかし、諦めるわけにいきませんし、その必要もありません。人間の特性にあったパスワードとして期待が高まる「拡張型パスワード」について解説します。

5.1 利便性とセキュリティを高次元で両立するための認知心理学の応用

パスワードが人間の記憶に依存するものである以上、その長所と短所は人間の記憶の特性に帰着します。そこで人間の記憶の特性を正しく理解することが、パスワードに関わる諸問題の解決のために欠かせない前提となってきます。その際に参考となるのが、これまで認知心理学が明らかにしてきたさまざまな知見です。

認知心理学とは、記憶をはじめとして、知覚、注意、言語、思考、意思決定などの人間の認知機能の仕組みについて、主に情報処理の観点から明らかにすることを目的とした心理学の一分野です。

認知心理学が明らかにしてきた人間の記憶に関する知見の中で、パスワード問題の解決の基礎となるものを挙げてみましょう。

1. 具体的な意味のある画像記憶は言語（文字）記憶に比べて、その記憶容量が大きく、持続時間が長い。この現象は「画像優位性効果」と呼ばれている。
2. 再生（解答入力型・穴埋問題型）に対して再認（解答選択型）が一般に容易である。
3. 高齢者は、再生より再認の方が記憶成績の低下が小さい。
4. 写真や絵などの画像刺激の記憶は、加齢の影響をあまり受けない。
5. 自伝的記憶となっている既知の画像は、新規に記憶する画像に比べて再認が容易である。

（1）画像優位性効果

言語記憶に比べて画像記憶が優れることは「画像優位性効果（picture superiority effect）」として知られています。本効果の理論的説明の代表的なものは、Paivio（1971）によって提唱された「二重符号化説（dual coding theory）」と呼ばれる理論です（Paivio, A. (1971). Imagery and verbal processes. Oxford England: Holt, Rinehart & Winston.）。

（2）記憶の想起には「再生」より「再認」が容易

記憶の想起について、再認の方が再生よりも易しいことは多くの研究によって認められています。理論的説明の代表例は、Anderson & Bower（1972）や Kintsch （1970）による「再生の２段階説」です。

再生は、求められた記憶を頭の中で探し出す「探索（search）」段階と、探し出したものが求められた記憶であるかどうかを吟味する「照合（decision）」段階という2つの過程によって構成されます。

これに対して再認は、探索過程を必要とせず照合過程のみで成り立つ、つまり再生は再認に比べて探索という過程が余計に加わっているため難しいと考えられるのです（Anderson, J. R., & Bower, G. H. (1972). Recognition and retrieval processes in free recall. Psychological Review, 79(2), 97-123.）。

（3）高齢者ほど再生より再認

高齢者では、再生よりも再認の方が、若年者と比較した場合の記憶成績の低下が小さくなります。例えば、Schonfield & Roberson（1966）が行った実験では、再生では年齢が高くなるにつれて記憶成績が悪くなっていくが、再認では年齢層の違いによって記憶成績に違いは見られないことが示されました（図5.1）。

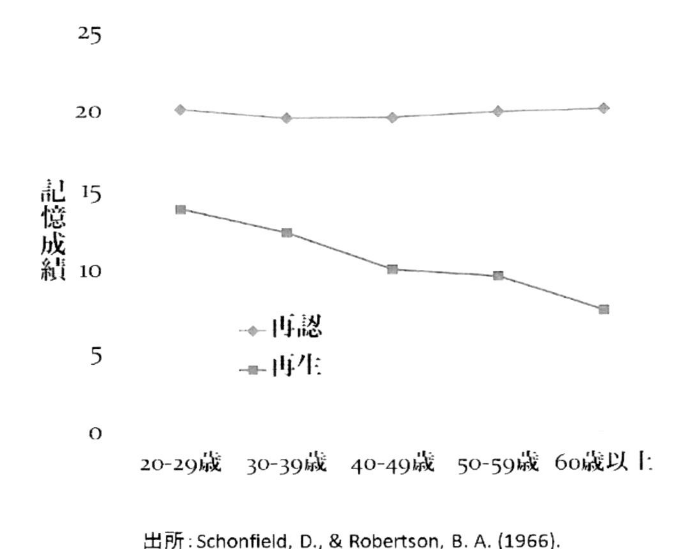

出所：Schonfield, D., & Robertson, B. A. (1966). Memory storage and aging.Canadian Journal of Psychology/ Revue canadienne de psychologie, 20(2), 228-236.

図5.1　加齢により「再生」では記憶成績が悪くなるが、「再認」では記憶成績に違いは見られない

（4）加齢による影響が少ない画像刺激の記憶

顔写真、風景写真や絵などの画像刺激の記憶は、単語や数字などの言語刺激とは異なり、加齢の影響をあまり受けないと言われています。例えば、Park, Puglisi, & Smith（1986）では、写真や線画などの刺激を用いた３つの実験で、それぞれ高齢者と若年者の画像記憶を比較した結果、おおむね年齢差は見出されなかったという結果が示されています（Park, D. C., Puglisi, J. T., & Smith, A. D. (1986). Memory for pictures: Does an age-related decline exist? Psychology and Aging, 1(1), 11-17.）。

これらの知見から、これまで使われてきた文字や数字によるパスワードは、人間の記憶特性があまり考慮されていないものであり、認証に用いられるべき情報は、むしろ画像という刺激形態の方が望ましいと考えられます（図 5.2）。

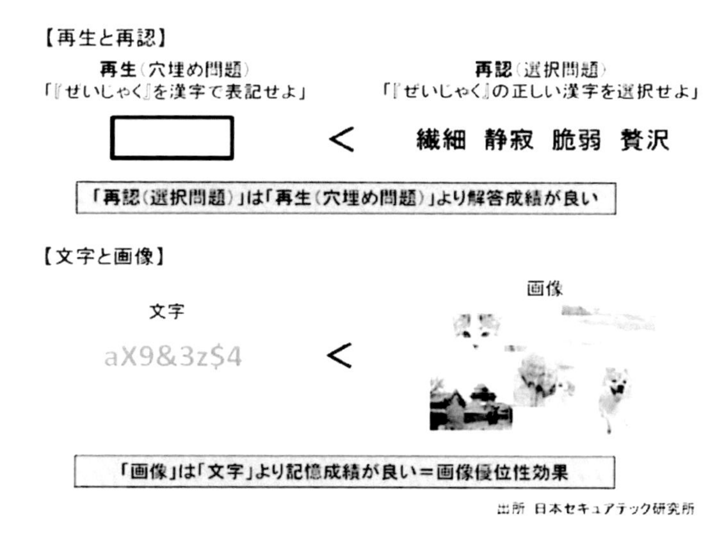

図 5.2　「再生」より「再認」が、「文字」より「画像」が記憶成績がよい

（5）自伝的記憶になっている既知の画像は再認が容易

ただし、画像であれば何でもよいというわけではありません。当人にとって有意味な画像であることが条件になります。当人は、後姿でも遠景でも見誤る

ことがない配偶者やペットの写真など、認証を行う本人にとって任意ではない既知の画像を用いれば有効性が高いのです。

5.2　記憶の干渉が起こりにくい画像記憶

一般に文字パスワードを平均3組ほどしか覚えていられないのは意思の欠如や精神力の弛緩によるものではありません。認知心理学でいう「記憶の干渉」が起こるための生理的な自然現象です。文字の世界の中に留まるかぎりこの制約から逃れられませんが、記憶対象を画像まで拡大するとこの制約から自由になります。

情報量の少ないデータほど簡単に覚えられるように思われるでしょうが、認知心理学では、次のように述べられています。

- 情報量が少ないほど記憶刺激の類似性が高いので干渉が起こりやすい（混乱混同が起こりやすい）
- 文字と画像の間、画像と画像の間では干渉は起こりにくい、特に自伝的画像記憶は情報量が膨大で相互の類似性が極めて小さいので干渉は特に起こりにくい

つまり、4桁数字は最も利用者泣かせな認証データであり、その対極にあるのが自伝的画像であるということになります（図5.3）。

相互に記憶の干渉が起こり易い文字パスワードの記憶容量は拡張が困難です。ところが、そこに画像パスワード記憶を新たに加えても文字パスワード記憶への干渉はあまり起こらないのです。特に情報量の多い自伝的記憶画像ではお互いの画像の類似性が低くなるため干渉がより起こりにくいと考えられています。

したがって、記憶容量一杯まで覚えた文字パスワードに何らの影響を与えないままに、多数の自伝的画像パスワードを使いこなすことが年齢を問わず可能となるのです。

déjà vu
登録した暗証画像を選択する

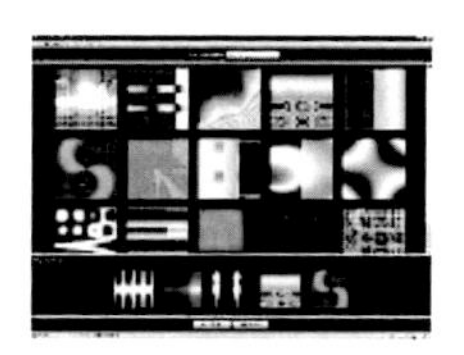

passfaces
登録した暗証画像(人間の顔写真)の
選択操作を繰り返す

ニーモニック認証
思い出の写真やイラストを暗証画像として
登録し、囮画像を含む認証画面で選択する

あわせ絵
登録した暗証画像の選択を繰り返す

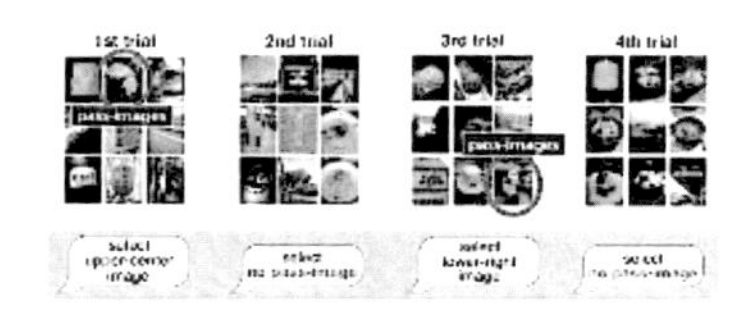

出所:日本セキュアテック研究所

図 5.3　画像を使った本人認証の例

5.3　文字に加えて画像も使える「拡張型パスワード」

文字に加えて画像も使える「拡張型パスワード」については、すでに日本セキュリティ・マネジメント学会（JSSM）が「誰でも安心して使えるパスワードの実現に向けて」という提言を発表しています（図 5.4）。

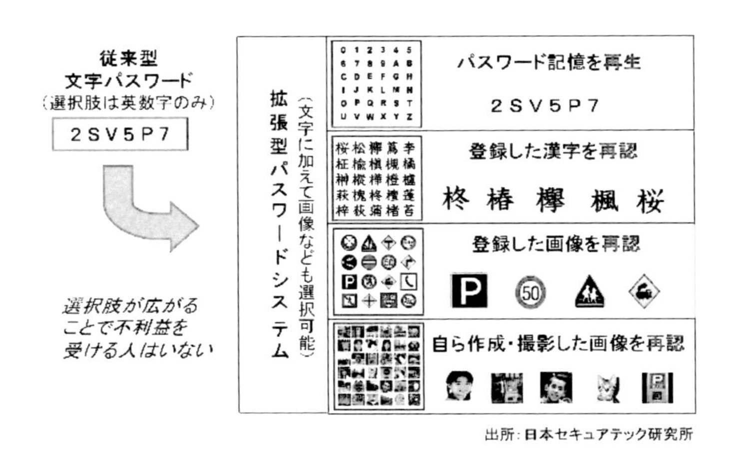

図 5.4　文字に加えて画像なども選択可能な「拡張型パスワードシステム」の考え方

しかしながら、画像を使いさえすればよいというものではありません。機密性と可用性の双方を満たすものでなければならないのは当然のことです。それらの点について上記 JSSM の「誰でも安心して使えるパスワードの実現に向けて」では、以下の記述が参考になります。

可用性における画像利用パスワードの優位性は上述のように示せるが、本人認証手段としては併せて機密性の検討が欠かせない。主に問題となるのは「覗き見」「数学的強度」「推測攻撃」の 3 つである。

1. **覗き見（ショルダーハッキング）**：覗き見に対しては文字パスワードのタイプ入力に比べて画像選択型は脆弱であるとの見解がある。しかし、文字であれ画像であれ利用者が無防備であれば共に覗き見され得るし、注意して画面や指の動きを遮蔽すれば肉眼によるものであれビデオ盗撮であれ共に覗き見を防げる。画像だから文字より脆弱ということはない。

2. **数学的強度**：任意の文字パスワードと同じ数学的強度になるように画像を登録することができるので、手動の総当り攻撃に対して画像方式は文字方式に対して優位でも劣位でもない。利用者は守るべき情報資産の価値と利用時の手間隙のバランスを図って適切なマトリックスサイズと登録画像数を選べばよい。
3. **推測攻撃**：ある特定の利用者の好悪・人脈・趣味などの情報を入手しての推測攻撃に対しては以下のようなガイドラインの提示で対応することが可能である。

- 日頃から好きだと公言している人やブランドばかりで正解データを作るのは不可。
- いつも自宅外で持ち歩いているものを正解データにすることは不可。
- 家族から情報を守るのが主目的の人が家族・親族の画像を正解データに使うのは不可。
- 雛型の上に追加したものをすべて正解画像として登録することは不可。
- 正解データはすべて古い写真ばかりで、囮はすべて新しい写真ばかりは不可。
- 位置やパターンの場合は、四隅・直線・斜線・単純なアルファベットやカナを使うのは不可。

可用性における優位性と併せて鑑みると、画像活用方式は、一定の可用性を維持しつつ文字方式よりも高い機密性を実現し、あるいは一定の機密性を維持しつつ文字方式よりも高い可用性を実現出来るものであると考えられる。

さらに包括的な注意事項が「一般財団法人日本情報経済社会推進協会(JIPDEC)」が発表しているガイドラインに記載されています。

5.4 カメラ付きケータイなどの普及で画像の扱いが容易に

これまで認証のための情報に文字や数字が使われてきた背景には、技術的な制約がありました。CPUは遅く、メモリーは高価、通信帯域は狭くGUIも存在せず、デジタル画像が高嶺の花だった時代には、パスワードとして英数字しか使えなかったのです。

しかしながら今は、カメラ付き携帯電話をはじめとして、多くの人が簡単に画像情報を電子的に扱えるようになっています。ほとんど追加コストをかけずに自伝的写真画像を使いこなせる時代になったのです。英数字だけでなく写真や絵・イラストなどの画像を扱えるようにパスワードを拡張することへの障害はありません。

「文字に加えて画像も扱える拡張型パスワード」という考え方によれば、パスワード問題を大きく解決できる、というのが著者の結論です。

第３部

社会生活における本人認証の役割と意義

第6章
本人認証の歴史と法的側面の考察

第2部では、サイバー社会における本人認証の役割と問題点を論じてきました。第3部では視野を少し広げ、社会生活における本人認証の役割と意義について議論を進めます。第6章は歴史と法的側面「本人認証」を考察します。

第3部を進めるに当たり、『第2部　日本企業がとるべき傾向と対策』で解説した「個人識別」と「本人認証」の相違について改めて確認しておきましょう。「個人識別」とは、対象とする人を特定の個人と認める行為です。肉体的特徴や所持物が代表的な識別手段になります。一方の「本人認証」とは、サービス提供を受ける資格を持っている当該個人であると主張する人の真正性を確認する行為です。代表的な識別手段としては、パスワードが用いられてきました。

6.1　記憶の共有から電子化へ変わった本人認証の歴史

本人認証の変遷について時代を追って考えてみましょう。

(1) 特定の本人認証手段を意識する必要のなかった有史以前

狭い共同体や、その周辺のみで社会生活が成り立ってきた時代には、本人認証手段などを特別に意識する必要などなかったと推測されます（図6.1）。当人が誰であるかは周囲の全員が知っているからです。

もし大怪我をして身体の特徴や声からは特定できなくなった場合でも、当人

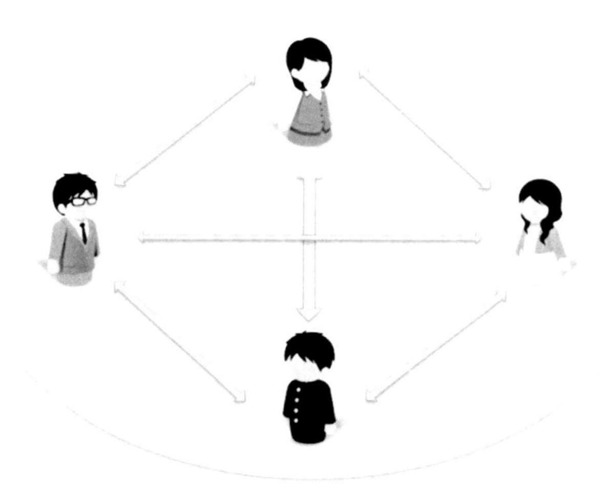

図 6.1　当人が誰かを周囲の全員が知っている限られた範囲では、本人認証手段などは不要

が他の共同体メンバーと共通の継続した記憶を持っていると判れば、共同体メンバーは当人が本人であると確信をもって認められたことでしょう。

（2）所持物ないし署名を手段とする本人認証を必要とした歴史時代

社会活動が遠隔地にある共同体との交流へと広がると、初対面の人物に対しても自らの身元を証明する何らかの手段が必要になってきます。経済行為としての本人認証の淵源をたどると、遠くメソポタミア文明のシュメール人たちが用いた「円筒形印章」に行き着きます。

印章は、財宝を入れた容器を封印することから始まりました。それが、本人を表すサインとして、所有権の主張や内容の証明、認証にも用いられるようになります。模倣や複製が困難な手形・拇印・花押・署名や印鑑・印籠が、世界の各地で使われるようになっていきます。

これらの本人認証手段は、採集・狩猟社会や農耕社会から近代工業社会を通じて、最近まで有効な手段として頼られてきました。提示された所持物に贋造や盗用の可能性が疑われるときには、当人と関係者の間で、共通の記憶の確認が望まれたと考えられます。

例えば、見知らぬ軍服姿の男が現れて軍司令官の指示書を提示して「今から諸君は私の指揮下に入る」と言ったとしましょう。この軍服姿の男が本物かどうかは、どうすれば確認できるでしょうか。

1つの方法は、「司令官殿は『次の誕生日には髭を剃る』と言っておられました。一週間前に誕生日を迎えられたはずですが、約束どおり髭は剃っておられましたでしょうか？」といった種類の引っ掛け質問を出すことです。偽者なら「剃っておられた」とか「剃っておられなかった」と答えてしまうでしょう。

本物であれば、「そんな約束をしたとは聞いたことがない。もともと髭など生やしておられなかったではないか」と答えられるはずです。引っかけ問題に正しく答えられない限り、提示した指示書が本物であろうがなかろうが、この人物は成りすましを試みた偽者であると判断できるのです。

こうしたやり取りを幾つも繰り返し、すべてに正答できて初めて、部下達は、この男の指揮下に入ることに納得するでしょう。有史以前でも歴史時代でも、当人と周囲の人々が記憶の共有を確認する方法、すなわち記憶による本人確認が、認証の“最後の砦”として頼られてきたのです。

(3) 電子的本人認証が必須となるサイバー時代

ネットワーク環境を前提とするサイバー時代を迎え、新たな電子的本人認証手段が必要になってきます（図6.2）。サイバー空間では印鑑・手形・拇印・署名といったモノを提示して本人を認証する行為は現実的ではありませんし、対面での質疑応答もできないからです。

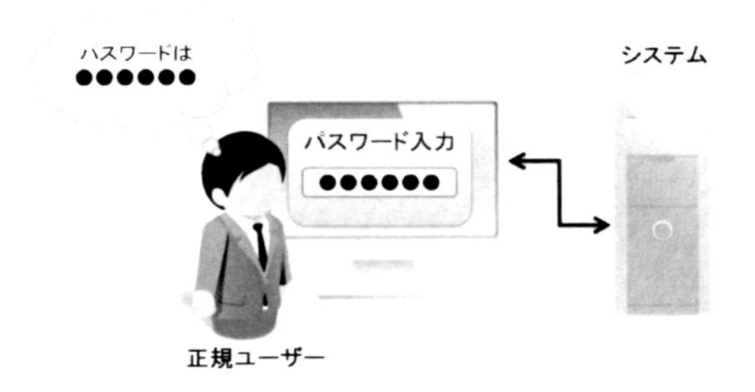

図6.2　正規のユーザーのみをシステムにつなげるパスワード

印鑑は、IC カードや、チップ入りトークン、携帯電話など電子的に真正性を証明し得る所持物に姿を変えました。手形や拇印に代わっては、指紋・静脈紋・顔貌など肉体の特徴点を計測照合する静的バイオメトリクスが、署名に代わっては、暗証番号・パスワードやサイン照合・行動パターン照合などの動的バイオメトリクスが登場しています。

パスワードも当初は文字のみでしたが、最近は「画像パスワード」という選択肢も現れています（第5章　パスワードの限界を超えて―「拡張型パスワード」）。

なお、有史以前からの「当人と周囲の人たちとの継続した記憶の共有確認」は、サイバー空間では「当人の記憶と認証ソフト登録情報の共有確認」で代行されていると考えられるでしょう。

6.2　本人認証の社会的意義

歴史時代の代表的本人認証手段である「署名・捺印」は、社会生活の観点から見ると、本人の意思を確認する行為であるといえます。印を押すことが重視され、特に重要な取引で実印が要求されるのは、捺印することが意思発現の象徴とみなされてきたからです。

ちなみに、民事訴訟法 228 条 4 項には、「私文書は、本人又はその代理人の署名又は押印があるときは、真正に成立したものと推定する」と規定されています。サイバー社会において「ID・パスワード」がそれほど違和感なく「署名・捺印」に替わり得るのは、意思的行為という点での継続性があるからではないでしょうか。

法的観点からの考察を続けましょう。すべての契約行為において、契約主体には権利能力、意思能力、行為能力の 3 つの能力が要求されます。つまり、意思を持っていることが契約成立の前提の 1 つになっており、契約当事者が泥酔や心神喪失状態にあるときは意思能力を認められません。民事訴訟法第 228 条 4 項が規定するように、「署名・捺印」は本人の意思発現の象徴とみなされているのです。

さらに商法第 32 条では「この法律の規定により署名すべき場合には、記名押印をもって、署名に代えることができる。」と規定されています。法律では、署名を第一議とし、記名押印に署名と同等の効果を認めるという考え方を取っていることが分かります。

モバイルやインターネットなど対面交渉を前提としない世界では、サービス提供側にとって、ネットの向こう側にいる眼に見えないユーザーの「意思」を確認するのは容易ではありません。登録したパスワードを入力するという行為はユーザー本人の「認証してほしい」という意思の発現と解釈できるので、「ID・パスワード」が認証方法として使われています。

しかしながら、パスワードの代替手段として登場してきた所持物照合や生体照合を単独で用いる場合、特定の物（IC カードや携帯電話など）を持っていることや肉体（指紋や静脈など）の特徴が登録されたものと一致していることをもって意思の発現とするには、やや問題があります。酩酊状態や意識のない状態でも照合が可能だからです（図 6.3）。

図 6.3　身体の特徴点や所持物を照合しても意思の確認は不可能

本人認証は何らかの経済的・法的行為の入り口となるものです。泥酔状態であっても遂行可能な認証方法を単独で用いるわけにはいきません。従って、非対面の世界を含む場合、主たる認証手段は記憶照合に頼らざるを得ません。所持物照合や生体照合は記憶照合と組み合わせて使う補助手段として機能させるべきと考えます。

第7章
社会的事象としての本人認証

第6章では、「本人認証」を歴史と法的側面から、その社会的意義について考察しました。第7章は「本人認証」をインターネット時代の社会的事象としてとらえ、それに関わる人間系の諸問題を考えてみましょう。

サイバー空間における「本人認証」の役割は、成りすましを防ぐために本人の同一性（アイデンティティ）を確認することです。対象が人間であるが故に、単にITの問題だけでなく、人間系の諸問題を考慮しなければなりません。

本人認証における人間系の諸問題としては、(1) 自己の同一性 (2) 人間の尊厳 (3) 本人拒否と他人受容の責任 (4) 否認の否定と肯定の是認 (5) ユーザー権限 (6) モバイルコンピューティング（携帯端末）(7) 粗暴犯 (8) 情報弱者などが挙げられます。

(1) 自己の同一性

人間の自己同一性の確認は、人と人との間に存在するものとして、自己についての「記憶の継続性の認識」なしには成立し得ません。たとえ、一切の持ち物を失い、身体の一部を損傷したり顔の形や声が変わってしまっても、私自身について、「この私」と周囲の人達とが同一で継続した記憶を共有するならば、「この私」は紛れもなく「その私」なのだと断言できるのです（図7.1)。

体験に基づくエピソード記憶が、アイデンティティにおいて果たす役割については海外でもしっかりと認識されています（関連記事 http://www.wisegeek.com/what-is-episodic-memory.htm#didyouknowout）。

図 7.1 「記憶の継続性」が認識されれば「これが私」だと証明できる

(2) 人間の尊厳

記憶内容を話してくれない家畜や事実を否認する被疑者に対しては、記憶による本人確認は不可能です。そのため識別技術に頼らざるを得ません。だからといって、インターネット上の本人確認も同様にすればよいというのは、社会的存在としての“人間の品格”を余りに軽視するものだと考えます。

「肉体の特徴点が登録データと合致すれば自分だと認められる、合致しなければ自分であるとは認められない」という本人確認方法には、何とも言えぬ違和感を持つ人が多数います。これは時代遅れの錯覚などではありません。

相互コミュニケーションが成り立つ場面であるにも拘わらず、コミュニケーションが成り立たない場面で使うべき手法を使わされることに対する拒否反応、つまり自己の人格の尊厳が損なわれているのではないかという根源的な不安から来る自然で健康な反応と理解すべきものです。

(3) 本人拒否と他人受容の責任

何の落ち度もないのに自分でありながら自分であると認めてもらえず、アクセスを拒絶され権利・義務を遂行できないユーザーが出た場合、その責任の所在を特定できない照合技術に対しては大きな懸念を抱かざるを得ません。

本人拒否問題を逃れようとする異種技術の複合的運用は、他人受容の責任の所在を不明にしかねません。ただ、こうした問題点に気を留めている人はあまりいないようです。

(4) 否認の否定と肯定の是認

本人確認という行為をよく考えてみると、同じ言葉でも状況によって全く異なる意義を持つことが分かります。「私はその当該人物ではない」という否認主張を否定する本人確認と、「私が当該人物です」という肯定主張を是認する本人確認の違いです（図 7.2）。

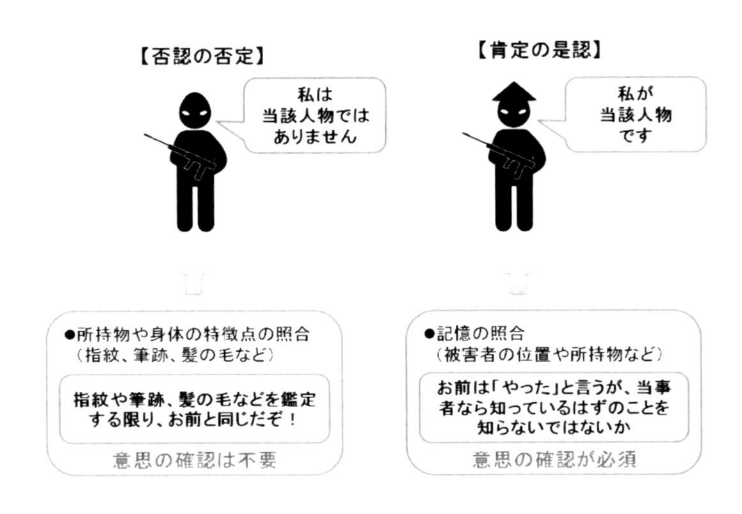

図 7.2 「否認の否定」と「肯定の是認」の差異

「それは自分ではない」と白を切る人物がいます。指紋、筆跡、声紋といった鑑定の出番となります。こうした場面では、これらの識別技術が有効な手段になり得ます。

逆に、誰かが「それは自分です」と名乗り出て、それを残留指紋が裏付けたとします。それで本人確認を完了して良いとなると、身代わり自首（成りすまし）の試みは簡単にすり抜けてしまいます。ここでは何としてでも本人にしか知り得ない事実の告白があって初めて、本人確認としなければなりません。

つまり、「それは自分ではない」という否認を否定しようとする場面では記憶照合の出る幕はありませんが、「それは自分です」という肯定の是認については、これを記憶の照合を伴わずに行うのは真に不適切なことであることが判ります。

データ保護・アクセス管理に伴う個人認証は「それは自分です」という肯定の是認に関わるものです。「それは自分ではない」という否認の否定の為の手法の機械的適用には慎重でなくてはなりません。

（5）ユーザー権限

例えば1億円までの送金・振替の権限を与えられているユーザーを認証するといったケースを想定してみましょう。認証されるべき対象は1億円の送金・振替の権限そのものと言ってもよいと考えられます。この権限は何に帰属しているのでしょうか？

ユーザーが使うことになっている端末機器が、その権限を持っているのでしょうか。あるいはユーザーが所持することになっているICカードなどの所持物に、その権限が与えられているのでしょうか。それとも指や瞳、顔、声が権限を持っているのでしょうか。

明らかに認証すべきは、権限を有するその特定の個人の頭脳とその働きです。その個人の頭脳の働きそのものの認証をおろそかにしたままに、それ以外のモノをいくら厳密に認証しても無意味でしょう。

（6）モバイルコンピューティング（携帯端末）

駅や街角からでも、会社のデータの閲覧や大きな金額の振込指示が手軽にできる時代になりました。ですが、オフィス中であれば何とでもなることでも、1人で旅行中となれば解決困難なことが出てきます。

街角で使われる携帯端末の所有者のアイデンティティを、そのユーザーが保持しているはずのICカードやUSBトークンで確認しようとすると、ユーザーは2つのモノを同時に持ち歩かなければなりません。装着したままというのは論外として、同じ鞄・同じ衣服に入れておくことも控えれば、携帯端末は持って出たもののICカードやトークンは置き忘れたというケースが多発するでしょう。

ICカードやトークンを忘れた時は仕事を断念して帰社・帰宅するというルールがあれば、ビジネスを失うことはあってもセキュリティは守れます。しかしここで、「ビジネスを失うのは嫌だ」と欲を出すと問題が生じます（図7.3）。

携帯電話をワンタイムパスワード発生機として使う方法も提案されていま

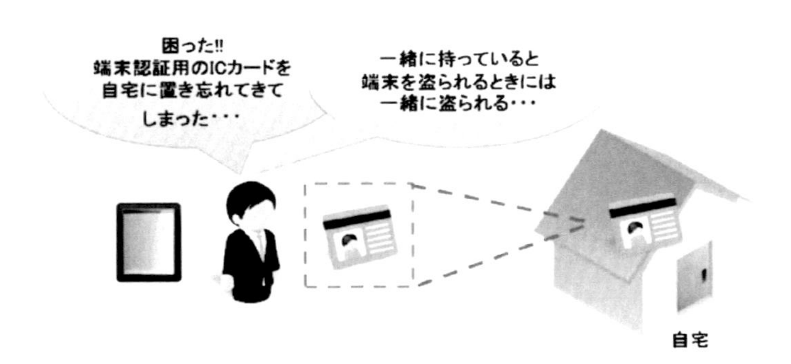

図 7.3　モバイル端末における本人認証を他の「もの」に依存すると不都合が少なくない

す。しかし、携帯電話の置き忘れや紛失を自ら経験した人や、『スマートフォンの紛失率、年間で約 5 %（http://ascii.jp/elem/000/000/709/709821/）』（マカフィーと Ponemon Institute によるスマートフォンの紛失・盗難件数とその影響に関する調査、2012 年 7 月）といった記事を読んだ人には、余り魅力的とは言えないでしょう。

モバイル環境で携帯端末の所有者本人認証を、置き忘れたり紛失したりし易い小物で照合するという方法は、余り望ましいとは言えません。現在の銀行の基準では、キャッシュカードと暗証番号を記載したメモを一緒に持ち歩くことは【過失】であるとみなされています。「2 つのものを同時に屋外で持ち歩く」ことは、これと同じ構図ですから、同じ基準を適用すれば同様に【過失】ということになります。

（7）粗暴犯

これまで情報セキュリティといえば、知能犯対策が主流でした。ですが、ネット上の富の蓄積が進み、さらにモバイル化が進むと、粗暴犯の登場も考えておかねばなりません。既にマレーシアでは、盗難対策のために指紋認証を装備したメルセデスベンツ S-class が強盗に遭遇し、車を持ち去るために運転者の指が切り取られるという事件が発生しています（関連記事 http://news.bbc.co.uk/2/hi/asia-pacific/4396831.stm）。

根本に立ち帰り、セキュリティを守るといった時に何を真っ先に守るべきかを考えてみましょう。この点を疎かにしたままで闇雲にセキュリティの強度を高めようと試みると、「システムへの侵入は防げたがユーザーの生命が失われた」といった事態を引き起こすことも考えられるからです。

システムを守るためにユーザーの生命身体を危険に曝してしまうような手段を講じるのは本末転倒です。一般社会のセキュリティでは、最も重要なのが人の生命、次に身体、そして資産・システムという序列で考えるべきでしょう(図 7.4)。

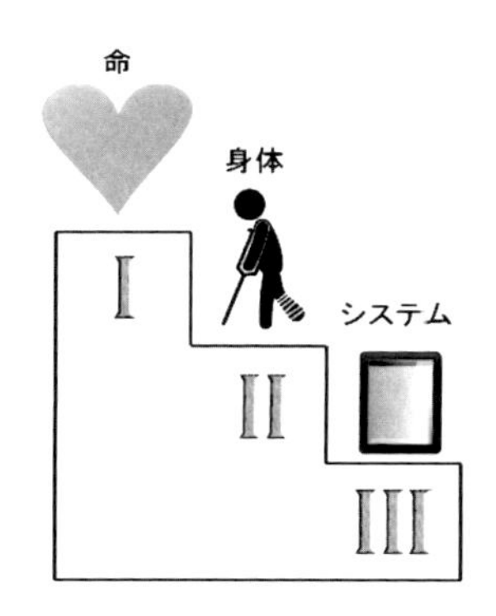

図 7.4　セキュリティで守るべきは「命」「身体」そして「システム」の順でなければならない

照合手段が鍵やカードであれば、それを渡してしまえば資産は失っても生命への危害は免れる可能性があります。照合手段が記憶内容であれば、可能であれば口を閉ざすことができる一方で、極限状況では身を守るために口を開くという選択肢もあります。

ネット上に積み上げられた巨富へのアクセス権を持った人が自由意志で放棄も変更もできないものを照合データにした場合には、独りではモバイル環境に身を置かないようにするのが賢明でしょう。

(8) 情報弱者

企業の中では、情報弱者について考慮することは余りないでしょう。その組織から排除してしまえば解決するからです。しかし、「どこでも、いつでも、誰でも」というユビキタスコンピューティング社会は、情報弱者を排除しないものでなければなりません。高齢者など情報弱者にとって、システムの入り口に当たる本人認証がまず大きな問題になってきます。

これまで考察してきたように、肉体を照合データとする方法には様々な問題があります。何らかの「持ち物」の所持者をユーザーと見なす方法はモバイル環境には不向きです。やはり、包括的な解決策は記憶の照合の中に求めるしかありません。高齢者など情報弱者にも優しい記憶照合本人認証技術を提案することの意義は、ここにあると考えます。

第8章
大災害時の本人確認に求められるもの

大災害の発生を想定すれば、中枢機能の維持・復元について真剣に検討しておく必要があります。通信網の多重耐震化やデータの遠隔地分割保管については各専門家の議論に期待するとして、2 − 3では本人認証では何が問題となるかを考察していきましょう。

1995年に発生した阪神・淡路大震災でも2011年の東日本大震災でも、現地での被害は甚大だったものの、日本という国全体でみれば中枢機能がほぼ無傷だったことが不幸中の幸いでした。しかし、やがては太平洋沿岸を襲うと想定されている東海・南海大地震大津波では事情はまったく異なってきます。日本という国の中枢機能をどう維持し復元するかを考えておかねばなりません。

8.1　大災害発生時に求められる本人認証

大災害に遭遇し、パニックの中で財布も免許証も手帳も携帯電話も失い、周囲に身元を証明してくれる人が誰もいない。こうした状況下での本人認証を考慮しておく必要があります。一切の所持物を失ったところから出発し、身体の負傷も視野にいれれば、記憶照合が最も頼りになる本人認証手段になることは言うまでもありません。

着の身・着のままとなる状況を想定してみましょう。大地震が起り、大津波が広く東京湾から大阪湾までの太平洋沿岸を襲ったとの想定です。

出張中に津波に遭遇したＡ氏は、パニックの中で財布も免許証も手帳も携帯電話も失った。周囲にＡ氏の身元を証明してくれる人はいない。もし面識のあった人がいたとしても、地震による負傷で顔が変わってしまっていて判別がつかない。

Ａ氏は次のような立場の人だとします。

- 行政機構の防災関連幹部
- 防衛治安組織の幹部
- 重要インフラ系組織企業の幹部
- 火を噴き出した原発の迅速な鎮火に貢献できる知見を持つ関係者

など、いずれの立場でも、一刻も早い業務復帰が国と社会のために望まれます。他方、悪意の第三者によるＡ氏への成りすましを許してしまうと、国と社会が被るダメージは計り知りません（図8.1）。

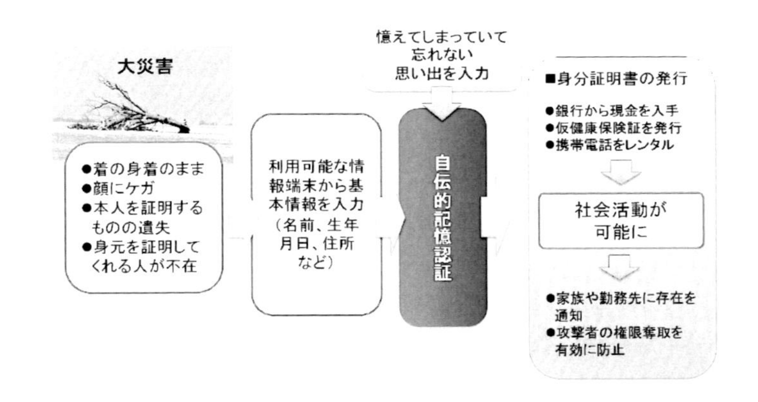

図8.1　被災者の社会活動への早期復帰を可能にする「自伝的記憶認証」の仕組み

Ａ氏がたどり着いた支援拠点では、誰かが通信機能が使える情報端末を持っていた。そこで住所・氏名など、パニック状態でも何とか思い出せるであろう基本情報を、指か音声か視線追跡で入力すると、Ａ氏として登録していた認証画面が表示される。Ａ氏が本人ならば、パニック状態でも再認できる正解画像を過不足なく選択し、指か音声か視線追跡かで正しく入力できるでしょう。

そこで救護所の責任者に自称A氏が真正のA氏であることの証明書を発行してもらいます。その証明書を基に、最寄りの銀行で現金を借り、健康保険で持病の治療を継続して受け、もし備えがあれば携帯電話の臨時貸与が受けられ、ようやくパニックを脱し落ち着いて業務を再開できます。

この証明書には、初期登録時のA氏の写真に加えて、救護所で撮影した被災時のA氏の写真も併せて印刷しておくことも考えられるでしょう。

支援拠点が発行した証明書の記載内容に加え、時刻や位置情報、その他の付加情報を含む電子版コピーを同僚がネット上で確認できれば、悪意ある攻撃者が遠隔地のA氏に成りすまして重要な権限を乗っ取る可能性は極小化されます。地元で被災し事前登録がない場合には、被災者救護所で急ぎ登録してもらうことも考えておきましょう。

救護所での登録に向けた流れを想定してみると、以下のようなコトが考えられます。

1. 救護所に、陸・海・空からネットにつながるPCとスキャナー、デジカメあるいはカメラ搭載のモバイル端末が配られる。
2. 公的機関で、上記（1）のネットのアプリケーションを利用する際の本人認証サイトが立ち上がる。
3. 被災者は救護所で町長や自治会長などの立会いのもと、名前や住所をIDとして自伝的記憶による画像パスワードを登録する。救護所での隣人や知人、そこの事物・風景の写真を撮って画像パスワードの一部に使うのも一つのアイデア。
4. 被災地から遠隔地に転出した場合には、転入先にある通信端末で名前・住所を入力して自分の画像認証画面を呼び出す。着の身着のままであっても、本人であれば認証を通過でき、転入先で身元の確かな市民としての生活を始められる。犯罪者による安否不明被災者の身元詐取も排除できる。

さて、視点を事業主体側に移してみましょう。事業所内のシステムは破壊され紙台帳も喪失したとします。それでも利用者の本人認証に関わるデータやアプリケーションが秘密分散技術を利用して遠隔地に分散保管されていれば、認証サービス機能はクラウド上に機能を維持できます。

身元を証明するものを失いパニック状態になっている被災者であっても、本人認証システムが作動すれば、避難場所の通信機能が生きているPCやGPS付携帯端末、あるいはその場に居合わせた人が持つスマートフォンなどを使って、本人認証を始められます。クラウドにアクセスできた被災者と、アクセスできない被災者（死者の可能性もある）が短時間のうちに仕分けられ、被災者対策の初期情報として大いに役立つことになるでしょう（図8.2）。

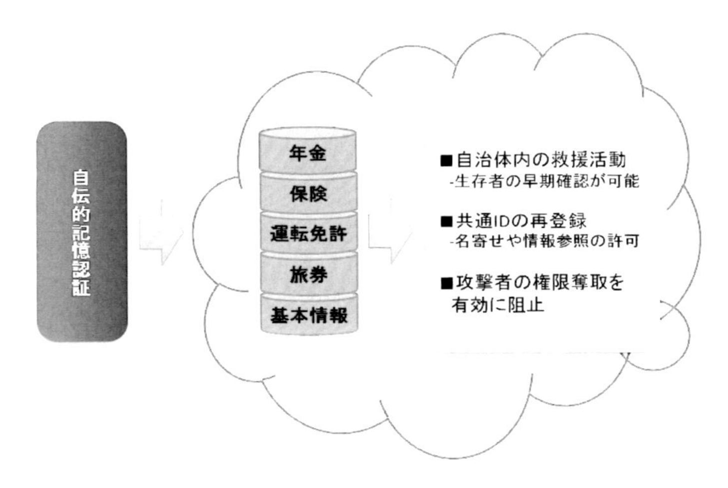

図8.2　自伝的記憶認証に基づきクラウド上で複数のシステムにアクセスできれば、平常時に近い活動が可能になる

8.2　大災害発生時に使える本人認証

では、大災害発生時はどのような本人認証手段が利用できるでしょうか。本人認証手段には「所持物照合」「生体照合（バイオメトリクス）」「記憶照合」の3種類があります。それぞれの特徴について、大災害時の想定で概観してみましょう。

- 所持物照合：災害やトラブルに遭遇した利用者を想定すると、利用者が必ず所持物をもっていることを前提にするのは現実的ではありません。

- **生体照合（バイオメトリクス）**：利用者の負傷やパニックを想定しなければならない災害場面では、いつでも可用であると考えるのは難しいでしょう。
- **記憶照合＝文字パスワード利用**：原理上は当人が意識喪失状態では実行し得ないので、機密性の基本要件は満たしています。メモに記載して持ち歩かない限り、つまり、所持物に化けていない限りは、災害時に着の身着のままとなっても理屈のうえでは実行可能なはずです。

しかしながら、第2部で考察したとおり、文字パスワードは限界を迎えています。「覚え易いパスワードは破られ易い」→「長大なパスワードを何とか覚えて公私混同で使い回す」→「使いまわしを禁止されると覚えやすいパスワードを登録」と繰り返される閉鎖サイクルからなかなか抜け出せないためです。

この問題は平常時でも大きな頭痛の種ですが、災害に巻き込まれてパニックになったような状況ではより際立ってきます。極度のパニック状態で長大で無機質なパスワードを難なく思い出せる人はごくごく少数派でしょう。少なくとも筆者には無理であると断言しておきます。

- **記憶照合＝画像パスワード利用**：認知心理学では「文字記憶に対する画像記憶の優位性」「再生（穴埋問題の解答）に対する再認（選択問題の解答）の優位性」「加齢における文字エピソード記憶に対する画像エピソード記憶の優位性」が既知となっています。第5章で考察したとおり、筆者は画像パスワードが現時点では最も優れた本人認証手段であると考えています。

8.3 災害時にも停止しない情報通信基盤

平常時に屋内で運用可能だからといって、災害時に屋外でも運用可能とは限りません。ですが、災害時に屋外で運用可能なシステムは、平常時には余裕をもってどこでも運用可能です。つまり異常事態を想定してシステムを作っておけば汎用的に全国民的規模に拡張できるのです。

災害時にも運用を止めない情報通信基盤の構築は、以下を基本要件とした基盤層の上で、重層的なID連携やデータ連携が機能することが望まれます(図8.3)。

1. 自伝的画像記憶認証による本人認証基盤の耐災害化
2. 有線・無線・衛星などに通信の多重化による耐災害化
3. 遠隔秘密分散保管によるデータ保管の多重化による耐災害化

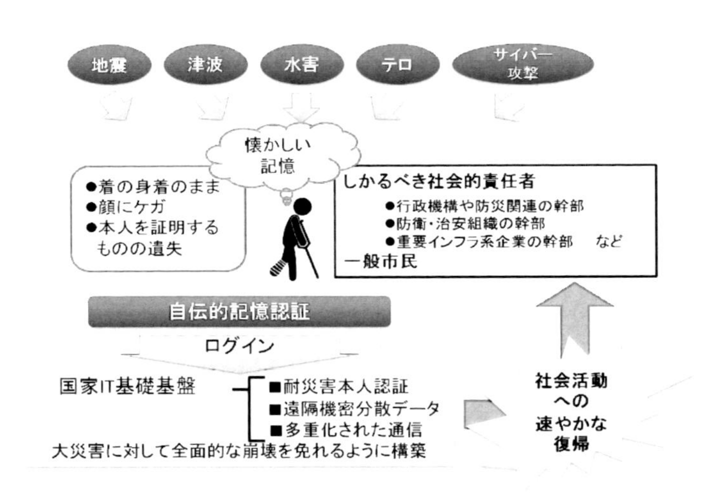

図8.3　災害時にも運用を止めない国家的なIT基盤が必要

日本情報経済社会推進協会（JIPDEC）では、2011年10月より須藤修東京大学教授を座長とする「耐災害本人認証基盤検討タスクフォース」を立ち上げています。大災害などのパニック状態を想定しても可用性と機密性を両立できる自伝的記憶画像利用方式による耐災害本人認証基盤構築のフィージビリティを検討し、2012年10月に「耐災害本人認証基盤構築案」を発表しています。

第9章
社会生活と経済活動に与えるインパクト

誰にでも容易に使いこなせ、確実で信頼できる本人認証の基盤が確立できれば、第８章で考察した大災害発生時の被災者救援や社会復帰だけでなく、広範な社会生活や経済活動の領域における健全で持続的な発展に貢献できると期待されます。第９章では、本人認証基盤が現代社会にもたらすインパクトを考えてみましょう。

本人認証基盤が現代社会に与えるインパクトしては、(1) ID 連携サービスの安全運用、(2) パーソナルデータの保護と活用、(3) クラウドの安全利用、(4) ウェアラブル端末の普及促進、(5) 安全で快適なスマートホーム、(6) 手ぶらショッピング、(7) テレワークの拡大、(8) 日本発のセキュリティ産業育成、(9) 既存パスワード認証の安全利用、などが考えられます。それぞれを少し詳しくみてみましょう。

(1) ID 連携サービスの安全運用

「一つの籠に余りに多くの卵を入れるものではない」また「マスターパスワードはユニークで特に良質なものでなければならない」という２つの鉄則を満たす ID 連携が望まれます。マイナンバー・マイポータル登場を前に国民的規模で検討されているトラストフレームを安全運用するための基幹技術になり得ます。

ID 連携サービスは、多くの事業領域での活用が期待されています。利便性を大きく高める一方で、脆弱性が１点に集中するという側面もあります。それだけにID連携サービスでは、マスターパスワードの重要性が際立ってきます。すなわち、個々の利用者が良質なパスワードをマスターパスワードとして使用できるようになることがトラストフレームの安全運用の前提になります。

（2）パーソナルデータの保護と活用

医療データなど高度な機微個人情報の活用においては、データ所有者がその利益の還元を受けるためには1対1の通信が可能な匿名化技術が必須です。匿名化管理を必要とするような高度な機微情報には、最も確実で信頼できる利用者認証が不可欠になります。

1対1通信が可能な匿名ネットワークや、当人以外には複数の有資格者の共同作業によらない限り匿名利用者の実名が分からない匿名データベースについては日本産の技術があります。前者については、情報処理推進機構（IPA）が実施した実証実験の総括論文が日本セキュリティ・マネジメント学会の2006年度学会賞を受賞しています。これらの技術群によって機微性が高いパーソナルデータを安全に活用できれば、オープンデータやビッグデータが真に効用ある技術領域になると期待されます。

（3）クラウドの安全利用

暗号鍵をクラウド管理者に委ねず、利用者の既知画像の記憶から動的に生成すれば、暗号鍵の無断利用の不安がなくなり、クラウドの利便性を享受できるようになります。

まだ余り知られていませんが、次のようなデータ暗号化技術が日本で開発されています。必要な時に利用者の懐かしい画像の記憶を材料にして暗号鍵を生成し、機密データを暗号化・復号します。プログラム終了時には、その暗号鍵を消滅させることで暗号鍵の盗用によるデータ漏洩を根絶する仕組みです。

（4）ウェアラブル端末の普及促進

安全に利用できるウェアラブル端末は、国防、治安、国土保全、医療、航空宇宙、製造、伝統技術の伝承教育など、様々な分野での生産性向上に貢献します。さらに、確実な本人認証が要となる「IoT（Internet of Things：モノのインターネット）」や「3Dプリンタ」などとのパッケージ化により、世界市場への躍進も視野に入ってきます。

ウェアラブル端末ではパスワードの入力方法として音声認識が主流になると考えられます。ですが、単にパスワードを読み上げるだけでは、盗み聞きされると万事休すです。利用者が読み上げるパスワードを使い捨て（ワンタイム）にすることが解決手段として有効です。

例えば、利用者のみが見られる端末の画面に、次のような画像群が表示されているとします。小学校時代に仲良しだった猫、中学校時代の好物である抹茶、高校時代に地区優勝した野球、大学時代の下宿屋でマドンナだった幼女といった4枚の懐かしい画像が示す4桁の数字がパスワードです。

今回は赤の数字が割り当てられていてパスワードは「6205」です。その前の起動時には黒の「5643」、その前は緑の「4270」だったとすると、前回や前々回の暗証番号を音声入力する際に盗み聞きできた攻撃者がいたとしても、成りすましによる端末盗用は断念せざるを得ません。番号は起動する度にランダムに変わり続けるからです（図9.1）。

図9.1　読み上げるパスワードを“使い捨て”にするための画像と数字を組み合わせたパスワード生成の概念

（5）安全で快適なスマートホーム

第三者のネットワーク侵入を阻止しつつ、高齢者や弱者に優しく健常者にも住み易い新たな生活空間を創出できます。

正規の利用者によって実行される限り、施錠/解錠やガスや電気などの遠隔制御は極めて便利なものでしょう。ですが、制御装置が屋外に持ち出されるスマートフォンのようなものであれば、その端末が盗まれると破滅的な事態を覚悟しなくてはなりません。端末の利用者認証に最大の関心が払われるべきです。

(6) 手ぶらショッピング

手ぶらショッピングが実現すれば、現金やカードを置き忘れて外出しても、いつでも、どこでも買い物ができ、しかもポイントが集められる商店街を創出できます。

現金やカード類を置き忘れて外出しても、一定の金額内であれば手ぶらでショッピングができれば良いと希望する消費者は少なくありません。そうした消費者を逃したくないと考える店舗や飲食店も少なくないでしょう。

手ぶらショッピングの実現には、手ぶらでも容易に実行できる本人認証に加え、手ぶらで容易に実行できる利用者の特定手段が必要になります。個人を特定するに足るユニークな個人識別番号（ID）を提示させる、あるいは、氏名や生年月日、住所、電話番号などを提示させるという方法があります。

ですが、こうした方法も、誰でも、いつでも、どこでも手軽に実行できるか。また、1日に何度でも気軽に実行できるかは疑問です。氏名の提示に引き続き、利用者が自ら登録した既知画像を視認することで自らを簡便に、かつ確実に特定してもらう手法も提案されています。

(7) テレワークの拡大

いつでも、どこでも容易に実行できる本人認証手段があることは、テレワークの安全な拡大には不可欠です。

常時のテレワーク拡大とともに、パンデミック発生時など緊急的テレワークの必要性にも備えておくには、手ぶらでも実行可能な利用者特定と本人認証が準備されていることが望まれます。

既にお気づきかと思いますが、テレワークも手ぶらショッピングも、第8章で触れた着の身着のままの被災者救済も、技術要件は全く同じです。手ぶらでの利用者特定・本人認証はこれらすべての領域を満たせるのです。

（8）日本発のセキュリティ産業の育成

本人認証はセキュリティ体系の基礎階層です。日本発の本人認証技術の上に、日本のセキュリティ産業の育成を図れるようになります。個別の要素技術の開発に留まらず、トータルシステムとして産業を育成するには、基礎階層となる国産の本人認証技術を基軸にすることが有効と考えられるからです。

（9）既存パスワード認証の安全利用

一般に文字パスワードは、平均３組ほどしか覚えていられないとされています。これは意思の欠如や精神力の弛緩によるものではなく、「記憶の干渉」が起こるための生理的な自然現象です。

干渉は、情報量が少ないほど記憶刺激の類似性が高くなり起こりやすい（混乱混同が起こりやすい）のです。ところが、文字と画像の間、画像と画像の間では干渉は起こりにくくなります。特に自伝的画像記憶は情報量が膨大で相互の類似性が極めて小さいため、干渉は特に起こりにくいのです。ですから４桁数字は最も利用者泣かせな認証データだと言えます。

紙のカード上にユーザーが選んだ既知画像と囮の画像を印刷し、画像のすべてに文字列を付与した「暗唱画像カード」を作成します。すると、カード上の既知画像の視認からランダムで強固なパスワード/暗証番号を抽出でき、既存の文字パスワード/暗証番号認証システムを安全に利用できるようになります(図 9.2)。

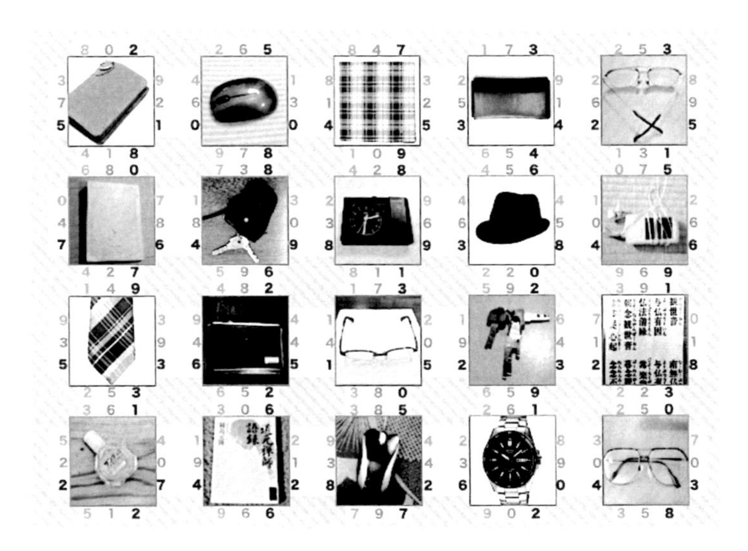

図 9.2　既知画像と囮の画像を並べ、各画像に文字列を付与した「暗証画像カード」の例

上例のように、手元のスマートフォンに内蔵されたカメラで撮影した小物類の中から筆者の懐かしい思い出が詰まった 4 点を古い順に見つけて行くと、12 組のそれぞれ異なる 4 桁の数字列が抽出されます。上段の赤を追うと A 銀行、右辺の緑を追うと B カードといった具合です。ただし、特に重要な口座については 1 枚のカードには数字列 1 組のみを割り当てる方式を薦めています。

この 4 桁の数字はランダムで無意味なので、カードを不正取得した第三者は 0～9 の数字が割り振られた 10 個の画像をいくら見つめても、何らかの情報を抽出するのは至難の業です。同時に不正取得される可能性のある免許証や手帳などから得られる利用者の個人情報は手掛かりにならず、語呂合わせ破りも無益な試みになります。

もうピンと来た読者がおられるかも知れませんが、1桁の数字の代わりに数桁の文字を使い、正解画像も囮画像もさらに増やせば極めて強固なランダム文字パスワードを抽出できます。

こうしたカードのイメージは、印刷できるだけでなく携帯電話やスマートフォンに配信しておき適宜画面に表示して閲覧できます。同一のカードイメージをサービス提供事業者側で保管（ハイパーリンク）し、利用者がアクセスできるようにしておくことも考えられます。カードの盗難に耐えられることに加えて、カードや携帯端末の紛失や災害などによる喪失にも対応できるので、可用性と利便性はさらに高まります。

このように、既存の暗証番号／パスワード認証システムに一切の改変を加えなくても、暗証番号やパスワードの安全性を向上させる方策が既に存在するのです。オンライン／オフラインを問わず、暗証システムやパスワード認証システムの利用者と運用事業者のすべてが受益者になれます。

利用者においては「脆弱な暗証番号／パスワードは使わない。メモしない。使いまわさない」の要求を容易に満たせます。運用事業者においては暗証番号／パスワードの盗用や流出から生じる事業の不安定性を大きく軽減できるようになります。

本人認証に記憶は不可欠であり、その記憶としては自伝的（エピソード）記憶が最適です。パスワードを既知画像にまで拡大すれば、社会生活や経済活動の健全な持続と発展を力強く下支えできるほか、既存の文字パスワード認証システムの安全運用さえ可能になります。読者諸兄にも広く活用の道を探っていただければ幸いです。

第４部

パスワード問題を解決するには

第10章
パスワードに頼るパスワード代替技術

パスワードの脆弱性や運用負荷の問題から、ID 連携や生体認証など様々なパスワード代替策が提案されています。しかし、いずれもがパスワードとの併用で運用されています。パスワード代替とは呼べない仕組みが、なぜ「パスワード代替策」と呼ばれているのか。その理由を考えるために、第 10 章では、代替策と呼ばれている仕組みを概観してみましょう。

「もうパスワードの時代は終わった。これからは、パスワードに代わる新しい技術の時代だ」――。こうしたかけ声とともに、次のような技術がマスメディアに登場しています。

1. ID 連携：SSO（Single Sign On：シングルサインオン）やパスワード管理ツール
2. いわゆるワンタイム・パスワード
3. 2 要素認証
4. PKI（公開鍵暗号基盤）
5. 生体認証（バイオメトリクス）

しかし、いずれの技術も、どのように考えてもパスワードの補完ないし拡大利用方法とは呼べてもパスワードの代替策とは呼べません。なぜなら、それぞれがパスワードに依存しているからです。

具体的には、ID 連携はマスターパスワードと呼ばれる 1 つのパスワードに全面的に依存します。いわゆるワンタイム・パスワードは本人の認証には関与しません。2 要素認証では、1 つの要素は常にパスワードですし、PKI も必ずパスワードと一緒に運用されています。生体認証も、屋外で使用される場合には自己救済用のパスワードを併用するのが当たり前になっています。

それぞれの技術について、もう少し詳しく見てみましょう。

（1）ID 連携

米国で先行する「Identity Ecosystem」を追うように日本でもトラストフレームワークの議論が盛んになってきました。トラストフレームワークとは、異なる組織間でユーザーの ID データを連携させることで、提供するサービスの質的向上を図るための枠組みです。そこでは、ID 連携が大きな役割を果たすことになっています。

さて、次の 2 つの方法の違いを考えてみましょう。

- **A：1 つのパスワードを多くのアカウントに使い回す**
- **B：1 つのパスワードで多くのアカウントを管理する**

A のパスワードの使い回しは「厳禁」だとされています。一方、B については、ID 連携（SSO やパスワード管理ツールなど）の形態で「推奨」されているようです。しかし本当に「厳禁」と「推奨」というほど極端な優劣差が見られるものでしょうか。

- **使い回し**：管理者パスワードを破られる、あるいはハッキングによって 1 つのサイトからパスワードが流出すると、同じパスワードを使いまわしている他のアカウントが芋づる式に不正アクセスされてしまうという心配があります。ただ、流出判明後、パスワードを速やかに変更できたアカウントは無事です。

- **ID 連携**：1 つのサイトでパスワードが流出しても他のアカウントは影響を受けません。ただ、マスターパスワードを破られる、あるいはハッキングによって管理ソフトや管理サーバーに侵入された場合、管理下にあるアカウントは即座に全滅でしょう。

“五十歩百歩”とまでは言いませんが、「厳禁」と「推奨」というほどの優劣差は存在しません。「1つのパスワードで多くのアカウントを管理する」というID連携の効用は、余りにも過大に評価されていると言えそうです。

(2) いわゆる「ワンタイム・パスワード」

一般にワンタイム・パスワードと呼ばれる方式では、トークンと呼ばれる専用の生成器（あるいは携帯電話）が生成するデータは、定期的またはアクセスの都度に異なるため、これを使えば従来のパスワードを超える最高水準のセキュリティが得られる。こういう理解をしている読者も少なくないでしょう。

安心感の最大の理由は、「ワンタイム・パスワード」という名称にあります。本人だけが“知る”パスワードを連想し、その生成アルゴリズムが高度に専門的であるという事実と相まって、本人だけが知っているパスワードが毎回変更される（ワンタイム）ことから、なんとなく安心に、させられてしまうのです。

しかし、いわゆるワンタイム・パスワードで証明されるのは、生成器ないし携帯電話が正当なものであるということだけです（第4章 生体認証など非パスワードについて）。その生成器や携帯電話を今、持っているのが本人か盗人かについては何も語ってくれません。生成機や携帯電話など「モノ」の盗用に対しては無力であることに注意が必要だという事実を見失っている利用者が数多く見られます。

(3) 2要素認証

パスワードを記憶するだけの1要素認証よりも、パスワードの記憶と認証用所持物（トークン）を組み合わせた2要素認証のほうが桁違いに高いセキュリティを実現できる。これは一見、反論不可能のように思われます。第1要素（パスワード）が盗まれる確率を仮に1％とし、第2要素（ハードウェア・トークンや携帯電話などの認証用所持物）を盗まれる確率を仮に1％とすれば、両方が同時に盗まれる確率は計算上は0.01％になるのですから。

屋内であれば、端末のパスワード・ロックが無断解除されてしまう確率は、計算通り0.01％と考えても問題はないでしょう。端末は机に固定されており、認証用所持物は利用者のポケットやカバンにあるか首からぶらさがっている環境なら、ロック状態の端末から利用者が遠ざかる時には、利用者の頭脳（パスワード記憶）もトークンも端末から離れるからです。

しかし、これが屋外、すなわち端末がトークンとともに利用者に張り付いている環境では事情が異なってきます。端末もトークンも 100 %の確率で利用者の衣服かカバンの中にあると承知している攻撃者は、端末が盗めるのであれば当然ながら認証用所持物も同時に盗むであろうことを想定しておくべきです。認証用所持物の保持による保護に期待できなければ、端末を盗用から守るのはパスワードの記憶だけになってしまいます。

屋内で有効だから屋外でも有効だろうと思い込むのは避けるべきです。にもかかわらず、両者の違いについて余りに無頓着な議論が多すぎます。

（4）PKI（公開鍵暗号基盤）

「PKI（公開鍵暗号基盤技術）ないし PKI 搭載 IC カードを使用するのでセキュリティは万全です」と言われると、何となく高度な技術で守られているので安全・安心と思ってしまいます。

しかしながら、PKI が有する暗号・認証・署名機能は、あくまで正規の利用者の手中に格納媒体がある場合にのみ効用を発揮するものです。その格納媒体が盗用された場合には正規の利用者とは異なる他人をしっかりと認証するだけに終わってしまいます。

「PKI 搭載 IC カードは PKI を搭載しているため、パスワードの保護なしでも ID ／パスワードより本人認証効果が高い」というのは間違いです。パスワードで保護される PKI 搭載 IC カードが、単なる ID ／パスワードよりもセキュリティが高いのは当然ですが、これは 2 要素法（記憶＋所有物）が単一要素法よりセキュリティが高いという構造によるものです。PKI の効用ではありません。

このように、実際には存在していないレベルのセキュリティが、あたかも存在しているかのごとく誤って思い込んでしまっている例が少なくありません。中には、セキュリティ強度が実際には下がっているにもかかわず、上がっていると思い込んでしまう事例さえ見られます。

そんな事例を題材にしたパロディ漫画を見ていただきましょう。

図 10.1　本人認証にまつわる"あぁ勘違い"

【シーン 1】

鍵屋：この貧弱な扉では泥棒を防げません。もっと頑丈な扉が必要です。

主人：お任せしますわ。

【シーン 2】

鍵屋：ご覧下さい。頑丈な扉を取り付けました。

主人：新しい扉の横に、「貧弱だ」といわれた古い扉が残っているようですけど、これは？

鍵屋：新しい扉は頑丈ですから泥棒を受け入れることはありません。でもあまりに頑丈なので、家の人でも時々、入れないことがあるのです。その時には古い扉から入ってもらえます」

【シーン 3】

鍵屋：つまり、泥棒を防ぐのは新しい頑丈な扉、家の人は今までの扉からも家の中に入れるのです。安全だし、しかも便利でしょう！

主人：扉が倍で安全も倍ということね。そのうえ便利だし。これでぐっすり安眠できそうね。

【シーン 4】

主人：ZZZ…。

泥棒：なにを考えているんだか。よその家より楽勝だぜ。

何でこうなってしまうのか、もうお分かりかと思います。第 11 章は、“頑丈な扉”として昨今話題になっている（5）生体認証（バイオメトリクス）を題材に、詳しく解説します。

第11章
2つの入り口を並列に置いても効果なし

パスワードの脆弱性や運用負荷の問題から、ID連携や生体認証など様々なパスワード代替策が提案されています。第10章では、代替策のうち、(1) ID連携、(2) いわゆる「ワンタイム・パスワード」、(3) 2要素認証、(4) PKI（公開鍵暗号基盤）のそれぞれについて、間違った思い込みにについて簡単に触れました。なぜ、そうなるのか。代替策として期待が高まる (5) 生体認証（バイオメトリクス）を題材に、その理由を解説します。

第10章の最後では、セキュリティ業界に蔓延する誤解を象徴するパロディ漫画を見ていただきました。ここに再掲します。

図 11.1　本人認証にまつわる"あぁ勘違い"

この漫画の中で、主人が「上がった」と思い込んでいたセキュリティが実際には上がっていなかった、むしろ下がることすらあるのはなぜなのでしょうか。

「1枚だったドアをもう1枚増やして2枚にします」と聞いたからといって、既存のドアの前か後に1枚追加して2重化したのか、既存のドアとは別の個所にもう1枚のドアを付けてどちらからでも入れるようにしたのかは判りません。ですから、ドアを2枚にするだけでセキュリティが上がると思われる読者は、おられないでしょう。

前者の2重化であれば、セキュリティが上がると期待できます。しかし、後者の場合は、利便性は確かに上がるでしょうが、セキュリティは確実に下がります。別の個所にもう1枚のドアを付けただけなのに2重式ドアがついたと誤解して安心している住人がいるとすれば、盗人の好餌になってしまいます。現実の世界では、ここまで迂闊（うかつ）な人は、そう多くはいないでしょう。

ところがこれが、「暗証番号方式に加えて生体認証方式も搭載します」と言われると、セキュリティが上がると思い込んでしまう人が、ほとんどです。市場に出回っている製品の多くは、暗証番号というドアと並んで、別の場所に生体認証というドアを付けているのと同じです。「生体認証オプション付き暗証番号システム」と言い換えてもよいのですが、どちらにせよ、セキュリティが上がることなどあり得ません。

11.1　本人拒否率と他人受容率のジレンマ

指紋・静脈・虹彩などの静的な生体認証も、サインや行動パターンを照合する動的な生体認証も、高いセキュリティ、すなわち高い他人排除率あるいは低い他人受容率で運用しようとすると、必然的に本人排除率は高く（本人受容率は低く）なることが知られています。この点についてIPA（情報処理推進機構）が発行する『生体認証導入・運用のためのガイドライン』では以下のように記述されています。（一部抜粋。本文ママ）

（2）閾値、本人拒否率および他人受入率：生体認証において、どのように閾値を定めても、誤って他人を受け入れる可能性を0にし、かつ誤って本人を拒否する可能性を0とすることはできない。生体認証においては、エラーは不可避であるため、環境やアプリケーションに応じて、リスクと利便性の兼ね合いで適切なエラー率の設定を行う必要がある。誤って本人を拒否する確率を、本人拒否率：FRR（False Reject Rate）と呼び、利便性要件に対応する。一方、誤って他人を受け入れる確率を、他人受入率：FAR（False Accept Rate）と呼び、安全性要件となる。

（3）利便性と安全性のトレードオフ：一般に、本人拒否率を低く抑えようとすれば、他人受入率は高くなる。逆に、他人受入率を低く抑えようとすれば、本人拒否率は高くなる。そして、本人拒否率が高く他人受入率が低い場合、安全性を重視した認証であり、本人拒否率は低く他人受入率が高い場合、利便性を重視した認証であるといえる。

さて、現実はどうでしょうか。生体認証技術は極めて安全性の高いものと見なされています。なぜなら、自分の身体の特徴は世界の誰とも異なり唯一であると考えられていること、パスワードや暗証番号と違って失念忘却というリスクが存在しないこと、ICカードやUSBトークンといったモノのような置き忘れや持ち忘れがないこと、などの特徴があるからです。

しかし、前述したように、生体認証技術は、「本人拒否率をゼロに近づけようとすると他人受容率が大きくなり、他人受容率をゼロに近づけようとすると本人拒否率が大きくなる」という特性を抱えています（図11.2）。この特性を正確に伝えないままに、セキュリティ向上を謳う表現が強調されているようです（『第4章　生体認証など非パスワードについて』）。

生体認証を利用した製品・サービスには、生体認証の特性を考慮して「本人拒否が起こった場合の救済認証手段」があらかじめ用意されています。身分証明書の提示や問い合せ先としてヘルプデスクを用意している例もありますが、一般的な救済認証手段は、利用者自身のパスワードによる認証です。

つまり、生体認証の価値は、そのセキュリティ強度であると強調しておきながら、実質的には「生体認証を使う」または「救済用パスワードを使う」という“併用型”になっているのです。この方式を、以後「救済用パスワード併用生体認証」と呼ぶことにします。

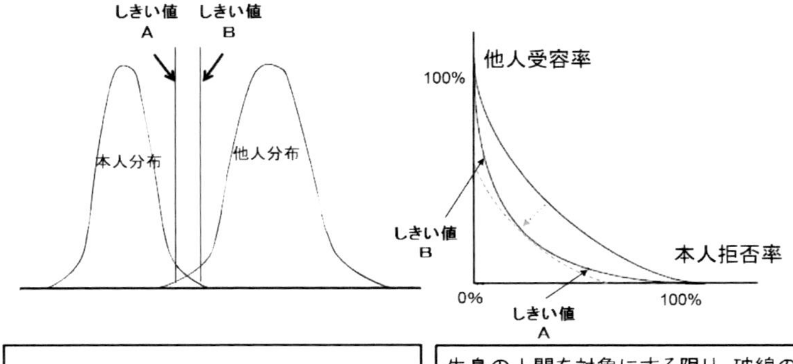

図 11.2　他人受容率と本人拒否率の関係

11.2　救済用パスワードがセキュリティ強度を下げる

この救済用パスワードのセキュリティ強度やその運用が、通常のパスワードと同等あるいはそれ以下のレベルにすぎないとすれば、「救済用パスワード併用生体認証」は、パスワード単独による本人認証よりも、2つある攻撃対象のいずれか弱いほうさえ破ればよくなるため、セキュリティ強度が低くなるのは論理的帰結です。

例えば、救済用パスワードを利用する機会が、体調やケガ、環境などの不具合が起きた際など、年に数回しかないとなれば、誕生日や住所の一部など思い出しやすいパスワードを設定しがちなことが容易に想像できます。

ところで、この救済用パスワードは、生体認証の利用開始登録の際に必要な手順として組み込まれているのが一般的です。にもかかわらず、パスワードを併用する事実も、それに伴うリスクも、パンフレットなどの販売用資料において明確に謳われてはいません。つまり、利便性向上のためにセキュリティを犠牲にしていることが、ユーザーには明示されていないケースが余りに多いのです。

筆者の知人が実際に見聞したことですが、大学生に「暗証番号だけで機密を守る携帯電話Aと、生体認証装置搭載で『指紋または暗証番号を入力してください』との表示の出る携帯電話Bでは、どちらのセキュリティ強度が高いですか？」と質問すると、ほぼ全員の学生が「携帯電話B」と答えたといいます。

何となくおかしいと疑問を持つ学生でも、多くの生体認証製品／サービスがセキュリティ強化を謳って販売され、メディアも追認情報を発信している状況下では、「暗証番号併用である生体認証は暗証番号よりセキュリティ強度が高い」との刷り込みから逃れられることは難しいのです。

2013年に話題になったiPhone 5sの「指紋認証」についても、単純な賞賛記事が大半です。「過信は危険」という側面からの指摘は、日本語で公表されたものは『iPhone 5sの「指紋認証」はカッコイイ？　OLさんの過信が招いたトラブル http://www.itmedia.co.jp/enterprise/articles/1310/25/news030.html』という記事を除くと、ほとんど皆無に近かったと思います。

11.3 セキュリティ製品の機能表示は飲食店の虚偽表示より実害が大

生体認証には、照合精度の表示方法を巡る課題もあります。生体照合精度は、他人受容率0.01％の時の本人拒否率は0.1％といった対（つい）の指標によって表示すべきものです。しかしパンフレットでは、対（つい）の値である本人拒否率を示さないまま、例えば「他人受容率は0.00001％以下（約1000万回に1回）である」とだけ表示しているケースが散見されます。

また、正式な国際標準がないこともあってか、生体認証製品のほとんどが自社基準による計測結果に基づき精度を表記しています。これでは、利用者が生体照合センサーの精度を正当に評価することはできません。

2013年には一流ホテルのレストランなどでメニューの虚偽表示が相次いで発覚しました。冷凍魚を鮮魚、バナメイエビを車エビなど、実際は安い食材だったのに、高い食材を使っているように表示し消費者を騙していたというものです。

メニューを見て「鮮魚のムニエル」と思い込んで注文したら、出てきた料理は実際には冷凍保存した魚を使っていた。これは確かに、消費者を欺くひどい行為には違いありません。ですが、瞬間冷凍して超低温保存し、適切に解凍して調理した魚の味が、鮮魚より劣るかどうかは微妙なところです。顧客に与えた実害という観点のみからみれば、極めて大きな虚偽表示とまでは言えないかもしれません。

それに比べると、セキュリティ業界における表示例は、消費者に思い違いをさせ、結果としてセキュリティ面で大きな危険を招くという点から見れば、遙かに実害が大きなものです。本書で取り上げてきた間違った思い込みの例は、思い込みを起こさせる側の行為に焦点を合わせると、法律的には「優良誤認」の表示に該当するのではないかというのが筆者の意見です。

優良誤認の表示とは、商品／サービスの品質を、実際よりも優れていると偽って宣伝したり、競争業者が販売する商品／サービスよりも特に優れているわけではないのに、あたかも優れているかのように偽って宣伝したりする行為のことです。

景品表示法第 4 条第 1 項第 1 号は、この優良誤認の表示を禁止しています。具体的には、事業者が自己の供給する商品／サービスの取引において、その品質、規格その他の内容について、一般消費者に対し、「実際のものよりも著しく優良であると示すもの」「事実に相違して競争関係にある事業者に係るものよりも著しく優良であると示すもの」であって、不当に顧客を誘引し、一般消費者による自主的かつ合理的な選択を阻害するおそれがあると認められる表示を禁止しています。

なにをもって「著しく」とするかはケースバイケースですが、公正取引委員会では、表示と実際のものが違っていれば購入しなかったであろう場合など、商品の選択に影響する場合は「著しく」に該当するとしています。

生体認証製品をはじめ、これまでに取り上げ考察してきたセキュリティ製品について、それぞれの長所・短所が最初から明示されていたとすれば、それでも読者は、これらの製品を採用されるでしょうか。

第 12 章では、優良誤認を防ぐための解決策について考察します。

第12章
解決の方向性と、問題解決を妨げるもの

第11章では、セキュリティ業界に蔓延する間違った思い込みの典型例として、生体認証を取り上げました。そして、生体認証関連製品／サービスに見られる「優良誤認」という概念について説明しました。とんでもない結果を招く「優良誤認」はなぜ発生するのでしょうか。本項では「優良誤認」の発生原因と、その解決の方向性、および解決上の課題について考察します。

「優良誤認」とは、実際よりも著しく優良だと示したり、事実に相違して競争相手の製品／サービスなどより著しく優良だと示したりすることです。セキュリティ業界において、この優良誤認が起きやすい原因としては、大きく３つが考えられます。

原因の１つは、本人認証技術の本質に関する理解不足です。パスワードとは、本人認証において「記憶照合方式」を代表する方式であり、本人があらかじめ登録し、認証のたびに入力する文字・数字列を指しています。この本来的な定義を外れ、「認証のたびに入力する文字・数字列」の部分だけが切り離されてしまうと「記憶照合」の意味が消え、パスワードではないものがパスワードとして扱われるという誤認が生じます。

第２の原因は、製品／サービスを提供する側の不作為・注意欠如による情報発信や、逆に誤解を恐れて正確に伝える努力をしていないことです。具体的には以下のような状況です。

1. 生体認証機能には本人拒否時の救済手段が必要であるにもかかわらず、

組み込まれている救済用パスワードの存在を表示していない

2. 「パスワードよりも高いセキュリティを実現」とだけ伝え、パスワードの運用によってはセキュリティが低下することもあるという情報を伝えていない
3. 他社が自社基準によって性能を表示している中で、第三者評価機関による計測値のような厳密な値（他社との比較時に不利になる値）を表示するのは得策ではないと判断したり、あえて技術の限界についての利用者の理解を促すような記述を避けたりする

第3の原因は、不注意による情報発信の“こだま効果”です。こだま効果とは、誤認を招く情報の再生産のことです。製品／サービスの提供者が情報を発信し、いったん社会に受容されてしまうと、その情報がどれだけ不正確であっても、検証されることなくマスコミ等で同一の情報が何度も繰り返し発信されるようになる状況を指しています)。

こだま効果により、優良誤認を招く情報が再生産されると、「大手メーカーが言うことだから」「マスコミが報道していることだから」と無批判に受容する人が増える結果になってしまいます。その背景には、権威に弱く、有名ブランドを過信するあまり、検証もせずに思い込んでしまうという利用者側の習い性があります。

12.1　優良誤認情報の発信と“こだま効果”を断ち切る

では、優良誤認を防ぐためにはどうしたらよいのでしょうか。即効的な対策は困難ではありますが、解決のための方向性ははっきりしています。(1) 適正な表示のガイドラインの作成と普及、(2) 産官学メディアへの適正な情報の提供と、利用者・消費者への啓発の2つです（図12.1）。

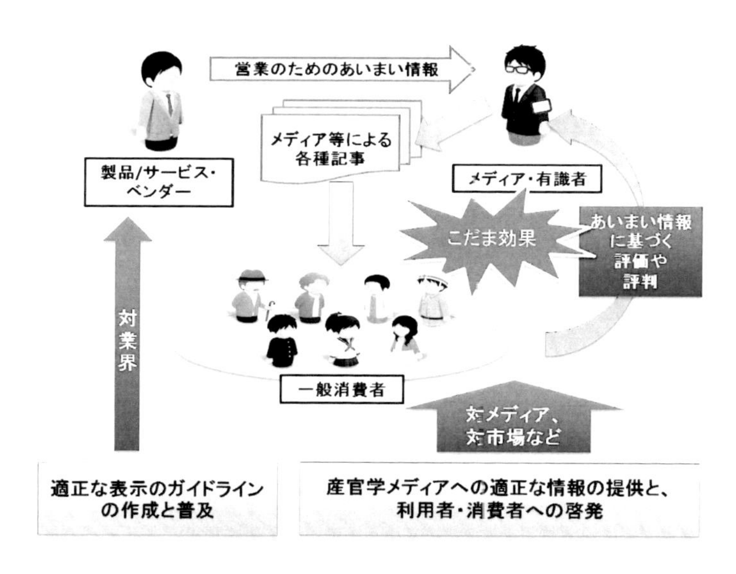

図12.1　“こだま効果”による優良誤認をなくすには、業界向けのガイドラインと正しい情報の提供と利用者の啓蒙が必要

(1) 適正な表示のガイドラインの作成と普及

リスクの提示と、リスクに応じた対応策を決めるという考え方および具体的な例を示したガイドラインを作成し、供給者に普及させる必要があるでしょう。景表法の情報セキュリティ製品あるいはサービスへの適用を徹底できれば、解決できることは多いのです。セキュリティ製品／サービスに関する適正な表示のためのガイドラインなどの作成が望まれます。

(2) 産官学メディアへの適正な情報の提供と、利用者・消費者への啓発

消費者団体、教育機関、自治体などを通じて、適正な情報の提供や、利用者への啓発といった地道な努力を進める必要があるでしょう。特に、専門家・提供側の不勉強や思い込みによる誤った情報と、その情報をもとに再生産された不適正な情報や不親切な情報に関しては、内閣府や、防衛省、警察庁、経済産業省、総務省、文部科学省をはじめとした各省庁および各自治体への情報の提供や、学会、メディアへの啓発が必要です。

実際にはセキュリティ効果が見込めない「セキュリティ技術」や「セキュリティソリューション」が、優良誤認表示によって普及してしまうと、利用者からのセキュリティ技術全般への信頼が失われてしまいます。これからの社会基盤を形成するであろう電子証明書や電子通貨が利用者に広く受入れられなくなる可能性が高まり、国内だけでなく国際社会においても経済活動を中心とした諸活動への障壁になりかねません。

攻撃者は、疑わしいセキュリティ技術やセキュリティソリューションが普及し多くの利用者が利用し、電子通貨などの決済限度額が引き上げられたときに行動を起こすでしょう。これを未然に防ぐためには、優良誤認を排除してセキュリティ製品の適正な表示を推進することが、健全な情報社会の維持・発展には必須だと言えるのではないでしょうか。

優良誤認の蔓延は、必然的にその対極に存在している効用を正当に評価されない技術や製品群を生むことになります。第11章で述べた車エビの虚偽表示を例にとれば、真正の車エビを正直に使ったメニューの価格は、どうしても高くなってしまいますから、優良誤認に囚われた消費者からは敬遠される結果になってしまいます。

存在しない効用があたかも存在しているかの如く、誤って認識させられてしまう優良誤認を放置することは、利用者が様々な技術や製品の優劣を適切に判断する機会をはく奪し、公正な競争環境を破壊してしまいます。こうした観点からも、優良誤認を排除してセキュリティ製品の適正な表示を推進することは、非常に重要な課題だと考えられるでしょう。

12.2　問題解決を妨げる「対処は問題が顕在化してから」の発想

情報セキュリティにおける優良誤認は、なにも最近になった初めて浮上してきた問題ではありません。すでに10年も前から提起されていたのです。筆者も以下のような論文を発表して啓蒙を図ってきました。

1. 『本人を認証する製品の優良誤認を防ぐための提言』、2007年、日本セキュリティ・マネジメント学会（JSSM）
2. 『次世代電子行政サービスの安全運用を支える本人認証基盤の確立に向けて』、2009年、JSSM
3. 『本人認証における信頼の考察』、2011年、第1回情報セキュリティ心理学とトラスト合同研究発表会
4. 『本人認証における信頼性の維持とは』、2011年、第1回バイオメトリクスと認識・認証シンポジウム
5. 『屋外環境における救済パスワード運用に関して』、2012年、第2回バイオメトリクスと認識・認証シンポジウム

しかしながら、これまでのところ状況は少しも改善していません。現状を比喩的に述べると次のようになるでしょうか。

見かけの高さは10 mだが、実際には高さ5 mの津波で折れてしまいかねない堤防なのに、市民の多くが「10mまでしっかり耐えられる」と信じている。当局や専門家は堤防の弱さを承知している。しかし「問題は起こっていない。今騒ぐと施工者との信頼関係が失われ、市民も不安にかられる。5 m以上の津波が必ず来るわけでもない。もしも5 mの津波で決壊したとしても、市民が退避できていれば大したことにはならない。問題が起こったら、その時に対処を考えればよい」という姿勢を変えようとしない。

異常事態を予測しても、人は直ぐには退避行動を取らないという現象があります。「正常性バイアス」と呼ばれる心理作用によるものです。必要な行動を取らないことを正当化しようとする心理も働きます。「認知的不協和」を無意識に調整してしまうことによるものです。こうした心理に一般市民が囚われてしまうことは非難できませんが、セキュリティ分野で指導的地位にある専門家

までもが、同じように囚われてしまってはなりません。

12.3　サーバー攻撃者は「豚が太る」のを待っている

しかも、いつ、どこで起きるのかが誰にも判らない災害や事故とは違って、サイバー攻撃者は攻撃時期と規模を自由に選べます。「まだ実害は起こっていない。実害が起こってから対応を考えれば良い」と考える人は、攻撃者には以下のような選択肢があることを忘れているのでしょう（図 12.2）。

『豚を食うのは太らせてから。今は状況を観察しておき、被害を極大化できるベストのタイミングをじっくりと待つ。牙を剥くべきときがきたと判断できれば、直ちに牙を剥ける』

図 12.2　攻撃されていないからといって安全なわけではない

IPA（情報処理推進機構）が 2014 年 1 月に出した呼びかけは、「おもいこみ　僕は安全　それ危険」です。国民に向けてセキュリティ向上をうたうのは言うまでもなく素晴らしいことです。ですが、他方で優良誤認を放置したままでは、正にザルで水を汲もうとするようなことになりかねません。

攻撃者が付け込もうと思えば、いつでも自由に付け込める深刻な脆弱性が生じている。それが判ったならば、直ちに対処を図るのがセキュリティの正道であると筆者は信じています。情報セキュリティの指導的立場にある方々には、速やかな対応を期待したいものです。

著者プロフィール

鵜野幸一郎（うの・こういちろう）

日本セキュアテック研究所 代表。1971 年日本 IBM 入社。渡米中に米 IBM の同僚および米政府関係者に接したことで、国家・企業の運営において情報セキュリティ基盤の確立が必須であり、日本が OECD 加盟各国の中では極めて脆弱なことを実感。日本 IBM 退社後、2002 年に日本セキュアテック研究所を設立し、情報セキュリティとりわけ電子的本人認証および暗号鍵の運用を中心に研究している。2011 年には、日本セキュリティ・マネジメント学会（会長：佐々木良一東京電機大学教授）による「社会への提言」として『誰でも安心して使えるパスワードの実現に向けて』を代表世話人として発表したほか、バイオメトリクスと認識・認証シンポジウムにてセキュリティ製品サービスの優良誤認排除を趣旨とした『屋外環境における救済パスワード運用に関して』を発表した。2011 ～ 2013 年かけては日本情報経済社会推進協会（JIPDEC）における電子的本人認証の研究タスクおよび検討会の事務局長を務める。

STAFF

編集協力　IT Leaders 編集部　http://it.impressbm.cc.jp/

本文デザイン　株式会社 Green Cherry

表紙デザイン　高橋結花

副編集長　寺内元朗

編集長　高橋隆志

●本書の内容に関するご質問は、書名・ISBN・お名前・電話番号と、該当するページや具体的な質問内容、お使いの動作環境などを明記のうえ、インプレスカスタマーセンターまでメールまたは封書にてお問い合わせください。電話やFAX等でのご質問には対応しておりません。なお、本書の範囲を超える質問に関しましてはお答えできませんのでご了承ください。

●落丁・乱丁本はお手数ですがインプレスカスタマーセンターまでお送りください。送料弊社負担にてお取り替えさせていただきます。但し、古書店で購入されたものについてはお取り替えできません。

■ 読者の窓口
インプレスカスタマーセンター
〒101-0051 東京都千代田区神田神保町一丁目105番地
TEL 03-6837-5016 ／ FAX 03-6837-5023
info@impress.co.jp

■ 書店／販売店のご注文窓口
株式会社インプレス 受注センター
TEL 048-449-8040
FAX 048-449-8041

崩壊の危機に瀕する パスワード問題

［IT Leaders選書］

2016年2月21日 初版発行

著　者　鵜野幸一郎

発行人　土田米一

発行所　株式会社インプレス
〒101-0051　東京都千代田区神田神保町一丁目105番地
TEL 03-6837-4635（出版営業統括部）
ホームページ　http://book.impress.co.jp/

印刷所　京葉流通倉庫株式会社

ISBN978-4-8443-3952-6 C3055

Printed in Japan